Computer Science Library-14

データベース入門

［第2版］

増永良文　著

サイエンス社

Computer Science Library
編者まえがき

　コンピュータサイエンスはコンピュータに関係するあらゆる学問の中心にある．コンピュータサイエンスを理解せずして，ソフトウェア工学や情報システムを知ることはできないし，コンピュータ工学を理解することもできないだろう．

　では，コンピュータサイエンスとは具体的には何なのか？ この問題に真剣に取り組んだチームがある．それが米国の情報技術分野の学会である ACM（Association for Computing Machinery）と IEEE Computer Society の合同作業部会で，2001 年 12 月 15 日に Final Report of the Joint ACM/IEEE-CS Task Force on Computing Curricula 2001 for Computer Science（以下，Computing Curricula と略）をまとめた．これは，その後，同じ委員会がまとめ上げたコンピュータ関連全般に関するカリキュラムである Computing Curricula 2005 でも，その中核となっている．

　さて，Computing Curricula とはどのような内容なのであろうか？ これは，コンピュータサイエンスを教えようとする大学の学部レベルでどのような科目を展開するべきかを体系化したもので，以下のように 14 本の柱から成り立っている．Computing Curricula では，これらの柱の中身がより細かく分析され報告されているが，ここではそれに立ち入ることはしない．

Discrete Structures (DS)　　　　　　　Human-Computer Interaction (HC)
Programming Fundamentals (PF)　　　Graphics and Visual Computing (GV)
Algorithms and Complexity (AL)　　　 Intelligent Systems (ItS)
Architecture and Organization (AR)　 Information Management (IM)
Operating Systems (OS)　　　　　　　 Social and Professional Issues (SP)
Net-Centric Computing (NC)　　　　　Software Engineering (SE)
Programming Languages (PL)　　　　　Computational Science and
　　　　　　　　　　　　　　　　　　　　　　　　Numerical Methods (CN)

　一方，我が国の高等教育機関で情報科学科や情報工学科が設立されたのは 1970 年代にさかのぼる．それ以来，数多くのコンピュータ関連図書が出版されてきた．しかしながら，それらの中には，単行本としては良書であるがシリーズ化されていなかったり，あるいはシリーズ化されてはいるが書目が多すぎて総花的であったりと，コンピュータサイエンスの全貌を限られた時間割の中で体系的・網羅的に教授できるようには構成されていなかった．

そこで，我々は，Computing Curricula に準拠し，簡にして要を得た教科書シリーズとして「Computer Science Library」の出版を企画した．それは，以下に示す 18 巻からなる．読者は，これらが Computing Curricula の 14 本の柱とどのように対応づけられているか，容易に理解することができよう．これは，最近気がついたことだが，大学などの高等教育機関で実施されている技術者養成プログラムの認定機関に JABEE（Japan Accreditation Board for Engineering Education，日本技術者教育認定機構）がある．この認定を "情報および情報関連分野" の CS（Computer Science）領域で受けようとしたとき，図らずも，その領域で展開することを要求されている科目群が，実はこのライブラリそのものでもあった．これらはこのライブラリの普遍性を示すものとなっている．

① コンピュータサイエンス入門
② 情報理論入門
③ プログラミングの基礎
④ Ｃ言語による 計算の理論
⑤ 暗号のための 代数入門
⑥ コンピュータアーキテクチャ入門
⑦ オペレーティングシステム入門
⑧ コンピュータネットワーク入門
⑨ コンパイラ入門
⑩ システムプログラミング入門
⑪ ヒューマンコンピュータ
　　インタラクション入門
⑫ CG と
　　ビジュアルコンピューティング入門
⑬ 人工知能の基礎
⑭ データベース入門
⑮ メディアリテラシ
⑯ ソフトウェア工学入門
⑰ 数値計算入門
⑱ 数値シミュレーション入門

執筆者について書いておく．お茶の水女子大学理学部情報科学科は平成元年に創設された若い学科であるが，そこに入学してくる一学年 40 人の学生は向学心に溢れている．それに応えるために，学科は，教員の選考にあたり，Computing Curricula が標榜する科目を，それぞれ自信を持って担当できる人材を任用するように努めてきた．その結果，上記 18 巻のうちの多くを本学科の教員に執筆依頼することができた．しかしながら，充足できない部分は，本学科と同じ理念で開かれた奈良女子大学理学部情報科学科に応援を求めたり，本学科の非常勤講師や斯界の権威に協力を求めた．

このライブラリが，我が国の高等教育機関における情報科学，情報工学，あるいは情報関連学科での標準的な教科書として採用され，それがこの国の情報科学・技術レベルの向上に寄与することができるとするならば，望外の幸せである．

2008 年 3 月記す

お茶の水女子大学名誉教授

工学博士　増永良文

第 2 版の刊行にあたって

『データベース入門』の初版は 2020 年秋に第 19 刷となった．これまで長年にわたりこの書をデータベースの教科書として採用してきてくださった多くの高等教育機関の諸先生，そしてデータベースの入門書として手にしてくださった多くの方々に心より御礼を申し上げたい．

初版がこれだけ多くの皆さんに受け入れられてきた理由のひとつは，筆者が理工系や文理融合系の学部で，1 コマ 90 分，前期あるいは後期の授業回数は 15 回という枠組みで実際に行った講義のペースに合わせて章や節を構成したことにあると考えている．経験から，1 トピック話すとほぼ 20 分かかるので，1 コマでカバーできるトピックの数は 4 個，したがって，本書『データベース入門［第 2 版］』は初版と同じく全体で 15 章，1 つの章は 4 節からなる構成となっている．

さて，改訂にあたり特に留意した点を幾つか述べる．まず，これまで初版を使用してきてくださった先生方に違和感なく第 2 版に移行していただけるように，本書の構成はほぼ初版のそれを踏襲している．しかしながら，データベース技術は日進月歩の勢いで進化しており，入門書といえどもカバーするべき新たな項目にはこと欠かない．中でも「ビッグデータと NoSQL」についての理解はこれからの社会を生き抜く者には必須と考えられ，章を新設して論じた（第 15 章）．その結果，初版では第 15 章で論じたオブジェクト指向データベースは，第 5 章「SQL」で XML データベースと共に SQL の拡張機能としてカバーした．これも時代の流れを反映している．

上記は第 2 版に対する大きな改訂点であるが，入門書といえども "データベースとは何か" を理解する上で（初版ではオミットしたが）やはりカバーしておくべきかなと考え直した事項も少なくなかった．第 2 版では厳選してそれらの幾つかを適所に盛り込んだ．その結果，初版に比べてややボリュームが増している．ただ，知っていてほしいが入門の域を超えるかなと思われた事項は，本文には盛り込まずコラムとして記載している．それらを授業で取り上げる必要はないと思うが，やや上級の読者の知識欲を満たすに足るものであろう．以下，どのような新規事項がカバーされたのか章ごとにかい摘んで述べる．

　第1章「データベースとは何か」は講義の第1回目にあたるので，データベースの世界を過去から未来にわたって俯瞰しておきたいという思いから，1.4節「データベースの潮流」を新設した．

　第2章「リレーショナルデータモデル―構造記述―」と第3章「リレーショナルデータモデル―意味記述―」はマイナーな記述の変更に留まっている．第4章「リレーショナルデータモデル―操作記述―」では，4.4節「空とその意味」を新設し，タップルの属性欄が様々な理由から"空"（null）とならざるを得ないことがあることを論じた．

　第5章「SQL」では，5.3節で埋込みSQLに加えてSQL/PSMを紹介しSQLの計算完備性の議論を充実させた．5.4節でSQLのオブジェクト指向拡張とXML拡張を紹介したことは上述の通りである．

　第6章「リレーショナルデータベース設計」，第7章「正規化理論―更新時異状と情報無損失分解―」，第8章「正規化理論―高次の正規化―」については，基本的に初版のままであるが，第8章では第5正規形を分かり易く紹介し正規形に関する記述を完結させた．

　第9章「データベース管理システム」では，9.4節「トランザクションマネジャ」の記述を強化した．第10章「質問処理の最適化」の記述はほぼ初版のままである．第11章「トランザクション」，第12章「障害時回復」，第13章「同時実行制御―同時実行制御とは―」，そして第14章「同時実行制御―スケジュール法と2相ロック法―」は，内容は概ね初版のままであるが，改訂にあたってはSQLの隔離性水準を節を建てて論じ内容充実をはかった（14.4節）．加えて，コラムで「MVCCとスナップショット隔離性」を紹介している．MVCC（多版同時実行制御）のことを知っておきたいと思っていた読者には力となろう．

　第15章で「ビッグデータとNoSQL」を論じた．ここを読むと従来のデータベースがACID特性で特徴付けられてきたことに対して，ビッグデータはBASE特性で特徴付けられ，そこに両者の根本的な違いがあることを納得してもらえると思う．

　加えて，第2版では演習問題を充実させた．全章にわたって設問を見直し，全てに模範解答を付けた．

　本書が想定する読者は，冒頭でも記したが，高専や大学学部レベルの学生であって，将来データベースで飯を食おうなどとは考えていないものの，ビッグデータや人工知能といったキーワードがあたりまえに飛び交っているこの世の中に飛び出していったときに，「貴方，データベースのことも知らないの？」とはいわれたくない，そんな風に考える諸君である．もし，本書を読んでリレーショナルデータベー

スやビッグデータについてより深く学んでみたいと思ったならば下記を薦める.

　　増永良文. リレーショナルデータベース入門［第 3 版］—データモデ

ル・SQL・管理システム・NoSQL—. サイエンス社，2017.

一方で，もし本書でも難しいと感じられるのであれば下記を薦める. これは文部科
学省が 2020 年度から全面実施した小学校でのプログラミング教育に合わせて，小
学校の教職員や保護者にデータベースのことを知ってもらおうと執筆した啓蒙書で
ある.

　　増永良文. コンピュータに問い合せる—データベースリテラシ入門—.

　サイエンス社，2018.

　末筆ながら，これまで筆者と幾度となくデータベース談義に花を咲かせてくだ
さった諸氏，そしてサイエンス社編集部の田島伸彦部長と足立豊氏に謝意を表する.

　これまで事あるごとに披露してきた筆者考案のお気に入りの惹句を記して，第 2 版
刊行にあたっての結びの言葉としたい.

地球丸ごとデータベース！

2020 年師走

増永良文

はじめに

　データベースの歴史は 1960 年代に遡ることができるが，それから 50 年近く経った現在もデータベースの重要性は日増しに高まっていて留まるところをしらない．これは組織体のデータを組織化してデータベース管理システムのもとに一括管理し，多数のユーザの共有資源とするデータベースの考え方が広く受け入れられてきた証であろう．データベースの絶え間ない発展を支えたもうひとつの事柄は，言うまでもなくコッド (E. F. Codd) による "リレーショナルデータモデル" の提案である．それまでのネットワークデータモデルやハイアラキカルデータモデルはデータの組織化がデータの内部表現に強く依存していたのと異なり，リレーショナルデータモデルは徹底的にフォーマルなモデルであった．それは，数学の集合論に基づいているので，データはリレーション，つまり 2 次元の "表" として表されるので誰にでも理解できる平易なデータベースを構築できる．またそのモデルは ANSI/X3/SPARC の提案したデータベースシステムの 3 層スキーマ構造に適合性が高い．したがってリレーショナルデータベースはアプリケーションプログラムの生産性を著しく向上させることができる．このようなリレーショナルデータモデルの可能性を現実のものにするには，理論的にも実践的にも多大の努力が払われ，現在もそれが続いている．1970 年代はコッドのお膝元である米国 IBM San Jose 研究所では System R が，カリフォルニア大学バークレイ校では INGRES がプロトタイピングされ，それらは各々 DB2 やオープンソースの PostgreSQL に発展しているし，Oracle などの商用リレーショナルデータベースシステムがさまざまな分野で使用されている．

　リレーショナルデータベースが管理・運用するデータは社員データ，売上データ，在庫データ，学生の成績データなどいわゆるビジネスデータである．しかし，データベースが普及するにつれて，CAD データなどのエンジニアリングデータ，画像・映像・音・文書などのマルチメディアデータ，通信網などのネットワークデータなどのいわゆる "非ビジネスデータ" をデータベースで管理したいという要求が高まった．これに応えるためにオブジェクト指向データベースシステムが開発された．

　本書では，データベースのことをできるだけ平易に，しかし肝心なところはしっかりと，リレーショナルデータベースを中核にすえて，データベースシステムの核心を論じる．データベースの論点は大別すると 2 つある．ひとつはデータモデル論

である．そこでは，データモデルとは何か，データベース設計とは何か，データ操作言語とは何かが問われる．他のひとつはシステム論である．データベース管理システムとは何かを，アーキテクチャ，質問処理，トランザクション管理の側面から明らかにする．最終章では，オブジェクト指向データベースシステムを紹介する．

　本書は，コンピュータサイエンス系の諸学科の学部3年生レベルの専門科目の標準テキストとなることを念頭において執筆した．章立てを15章としたのは，前期あるいは後期が一般に15週からなっていることによる．一章も4節の構成とした．これは筆者の経験からして，トピックをひとつ話すと大体20分かかる，したがって4トピックを話すと80分になる，授業の一コマは90分なので余談も含めてちょうど収まるのではないか，という配慮である．

　上記のような考えから，データベースを学ぶにはこれだけはどうしてもという項目だけを厳選して論じた．本書をテキストとして教員と学生が一丸となってデータベースに対する標準的な知識と展望を身に付けていただければと切に願う次第である．

　2006年5月10日

増永良文

目　次

　　本書を教科書としてお使いになる先生方のために，本書に掲載されている図・表をまとめた PDF を講義用資料として用意しております．必要な方はご連絡先を明記のうえサイエンス社編集部（rikei@saiensu.co.jp）までご連絡下さい．

第1章
データベースとは何か

　データベースという用語は多義語である．ひとつはコンテンツとしてのデータの格納庫を指す．もうひとつは Oracle Database とか PostgreSQL とかいったデータベース管理システムを指す．そして，これら 2 つを総称してデータベースという場合もある．本書のタイトルのデータベースは正しくこの意味で使用している．データベースの意味を拡大解釈すれば，インターネット上の Web ページの全体は Google などで検索可能だから地球規模のデータベースといえるかもしれない．本章では，データベースとは何かを歴史的経緯も含めて概観する．

1.1　データベースとは

　データベース（database）とはコンピュータ内に構築された**実世界**（the real world，我々が住んでいる世界）の“写絵”である．いい換えれば，実世界で起こっている様々な事象，例えばあるスーパーマーケットである商品がいつ何個売れたとかいったことを機械可読（machine readable）な形としてコンピュータに取り込み管理し，様々なユーザの問合せやデータ処理要求に応えることができるようにした**データの基地**である．

　ここで，まず注意したいが，データベースはデータの基地であって，情報の基地ではない．英語で表せばデータは data，情報は information であるように，異なる概念であるのに（勿論，関係はしている），我が国ではデータと情報の違いにあまり注意が払われていないようで，データベースを情報の基地と説明している辞書や図書が結構あったり，メディアや日常でも本来データというべきところを情報といったりしていることが多々見受けられとても気になる．本論に入る前にデータと情報の違いや関係について記しておく．

■ データと情報

　「**データ**（data，datum の複数形）は実験，観察，測定，観測，調査，捜査，検査，検診，…あるいは様々な活動や営為の結果得られる文字や数値の並び，少し抽象度をあげれば，記号（symbol）の集まりであって，それ以上でもそれ以下でもない」

と定義できる．データは文字や数値の並び以外に，表，グラフ，図，音，静止画像，動画像，3 次元仮想世界オブジェクトなど様々な表現をとることもある．一方，情報はデータの**受け手**（receiver）の存在を前提として成り立つ概念である．つまり，データはその受け手に情報を与えることもあり，そうでないこともある．その関係を図 1.1 に示す．

　データは，まず**意味解釈ルール**に基づき意味解釈される．例えば，(太郎, 25) というデータは何を表しているのであろうか？ 太郎は 25 歳といっているのであろうか，あるいは太郎の月給は 25 万円，といっているのであろうか？ これはデータを眺めているだけでは決して分からない．しかし，このデータは人の名とその人の年齢を表しているという意味解釈ルールが与えられると，(太郎, 25) というデータに「太郎は 25 歳である」という**意味**が付与される．

　そうすると，意味は受け手がその時点で有している**知識**（＝ 知っていることの総体）と比較される．もし，それが受け手に知識の増加を引き起せば，このとき "データは受け手に情報をもたらした" ことになる．更に，受け手は人であれ組織体であれ，情報に対する価値観を有しよう．その結果，情報に**価値**の付与が行われる．太郎の年齢をとても知りたがっていた人にとってはその情報はとても大きな価値を

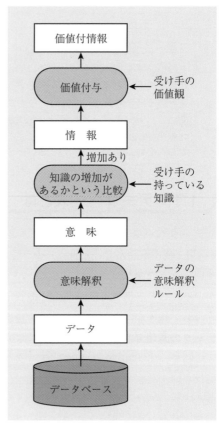

図 1.1　データと情報の関係

有するし，そうでない人にとっては三文の値打ちもないだろう．

　データと情報がそれらの違いや関係を十分に認識されないまま使用されている状況を嘆いたが，好意的に解釈をすれば，現在，我が国で情報といっているうちには，データと情報が上述のような関係にあることを十分承知した上で，「情報になり得るものとしてのデータを情報」といっているのかもしれない．しかしながら，本書の読者は両者の違いに敏感であってほしい．

■実世界とデータベースの関係

さて，実世界とデータベースの関係を図1.2に示す．実世界で生起している様々な事象（= 出来事）を記述するためには，何らかの**記号系**（symbol system）が必要である．これを**データモデル**（data model）という．例えば，松尾芭蕉は東北を紀行して最上川（もがみがわ）に差し掛かったとき，その情景を「五月雨（さみだれ）をあつめて早し最上川」と詠ったが，俳句は「季語を含む五七五の定型詩」という決まりがある．これが俳句の場合の記号系であり，データベースでいえばデータモデルである．データモデルに基づいて実世界をデータベース化する過程を**データモデリング**（data modeling, データモデル化）という．

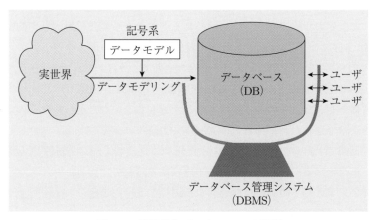

図1.2　実世界とデータベースの関係

まず，データモデルについて述べる．現在使用されている商用あるいはオープンソースソフトウェア（open source software, OSS, 単にオープンソース）のデータベースシステムに採用されているデータモデルは，大別すると次の通りである．

- ネットワーク及びハイアラキカルデータモデル
- リレーショナルデータモデル
- オブジェクト指向データモデル
- XMLデータモデル

本書では，リレーショナルデータモデルに基づいたデータベースを中心に論じているが，その理由はリレーショナルデータベースが，庶務，財務，商務，工務などのいわゆる事務一般に関するデータ，具体的には社員データ，顧客データ，在庫データ，受注・発注，売掛・買掛データなど，いわゆる**ビジネスデータ**（business data）の管理・運用に適しており，全世界で広く使われているからである．なお，CAD

（computer aided design，コンピュータ援用設計）に代表されるエンジニアリング
データの管理・運用にはオブジェクト指向データベースが，また，XML 文書の交
換・蓄積には XML データベースが用いられている．それらのデータは**非ビジネス
データ**（nonbusiness data）と呼ばれる．

　さて，データベースは実世界で生起している様々な事象をデータモデルで記述し
た結果でき上がることを図 1.2 に示したが，そこでもうひとつ注意しなければならな
いことは，**データベース管理システム**（DataBase Management System，**DBMS**）
の存在である．実世界の写絵であるデータベースを構築しただけでは，データを
死蔵しているに等しいから，構築されたデータベースを利活用したいと欲する者が
いる筈である．また，実世界は時間の経過と共に時々刻々変化していくものであ
るから，実世界の写絵であるデータベースをそのような変化に対応して的確に更新
（update）していきたいと欲する者もいる筈である．そのような要求に応えるため
にはデータベースを管理するシステムが必要となり，それが DBMS である．Oracle
Database，Db2，SQL Server，PostgreSQL，MySQL，HiRDB，ObjectStore と
いった名称を聞いたことのある読者もいるかもしれないが，それらはそのような目
的のために開発された商用あるいは OSS の DBMS の名称である．

　ただ，世間で “データベース” といった場合には次の 3 つの意味があることに注
意しておきたい．データベースという用語は多義語なのである．

- コンテンツとしてのデータベース（DB）
- データベース管理システム（DBMS）
- DB とそれを管理する DBMS の総称

　したがって，正確には，PostgreSQL を導入したことは DBMS を導入したので
あって，決してコンテンツとしてのデータベースを導入したのではない．ちなみ
に，本書のタイトル『データベース入門』のデータベースは「DB とそれを管理す
る DBMS の総称」の意味で使っている．なお，データベースシステム（DBS）とい
う用語は第一義には DBMS を，二義的には上記第三の意味合いで用いられること
が多い．データベースはこれから学んでいくように，特定のデータモデルに基づい
て語られる場合が多い．例えばリレーショナルデータモデルに基づいたデータベー
スの場合，リレーショナルデータベース，リレーショナル DBMS，リレーショナル
DBS，といった使い方になる．

　更に，図 1.2 に記載の “ユーザ” について一言述べると，大別して 2 種類のユーザ
がいる．

- エンドユーザ
- アプリケーションプログラマ

エンドユーザ（end user）は，例えば，「社員番号が 007 のボンドさんの給与はいくらですか？」といった**その場限りの問合せ**（ad hoc query）をデータベースに発行してくるようなユーザである．一方，**アプリケーションプログラマ**は，例えば，社員のボーナスを社員データベースなどにアクセスしながら計算するような業務用のプログラム，このようなプログラムをアプリケーションプログラムという，を開発するユーザのことをいう．DBMS はこれらのユーザの様々な要求に効率よく応えなければならない．

1.2 データモデルとは

データモデルとは実世界をデータベースとしてコンピュータ内に写し込むときに使う記号系であると前節で定義したが，データモデルは DBMS の開発の歴史と重なり，3 つの世代に大別することができる．

- 第 1 世代のデータモデル：ネットワークデータモデルとハイアラキカルデータモデル
- 第 2 世代のデータモデル：リレーショナルデータモデル
- 第 3 世代のデータモデル：オブジェクト指向データモデルや XML データモデル

なお，データベース化の対象となった実世界は同じでも，データモデルが違うと異なる表現になることを直観してもらうために，本節では一貫して以下に示す実世界を想定し，この実世界を表すデータベースを「科目–履修–学生データベース」と名付ける．

- 学生が 3 人いる（田中，鈴木，佐藤）
- 科目が 2 つある（データベース，ネットワーク．共に 2 単位）
- 4 つの履修関係がある（田中はデータベースで 80 点，鈴木はデータベースで100 点，ネットワークで 50 点，佐藤はネットワークで 70 点とった）

■ネットワークとハイアラキカルデータモデル

第 1 世代の DBMS は 1963 年に米国の GE（General Electric）社で開発された**IDS**（Integrated Data Store）である．バックマン（C. Backman）らによって開発された．IDS が管理できたデータベースは，いわゆるネットワークデータベースである．それを規定するネットワークデータモデルは，データやデータ間の関連を

表すためにレコード型（record type）と親子集合（set type)[1]という 2 つの基本
要素を持ち込んでいる．これは，データはレコード型で規定されるレコードに格納
され，レコードとレコードはポインタ（pointer）や鎖（chain）を用いて関連付け
られるという当時のデータ管理技術に忠実な発想から生まれた．レコードがポイン
タによりネットワーク状に結合されていることからネットワークデータモデルの名
称で呼ばれることになった．科目–履修–学生データベースのネットワークデータモ
デル表現を図 1.3(a) に示す．

　一方，**ハイアラキカルデータモデル**は，ネットワークデータモデルの特殊な場合
である．同じくレコードとポインタを使うが，レコードは親レコードと子レコード
の概念で区別され，ポインタは親レコードから子レコードに張られる．これはネッ
トワークデータモデルではそのような区別がまったくないのと，ここが根本的に異
なる点であり，名称の由来でもある．1968 年に米国の IBM 社より商用化された
IMS（Information Management System）という DBMS と共に世に出た．同じ
事例のハイアラキカルデータモデル表現を図 1.3(b) に示す．

■ リレーショナルデータモデル

　米国の IBM San Jose（サン ホゼ）研究所のコッド（Edgar F. Codd）が 1970 年に提案した
リレーショナルデータモデルは徹底的にフォーマルなデータモデルで，数学の集合
論（set theory）に基づいている．したがって，ポインタやレコードといったコン
ピュータでのデータの実装技術とはまったく無関係に誕生した．当初，そのような
データモデルを効率よく実装できるのかについて，第 1 世代の DBMS の開発者と
の間で大論争となったが，1970 年代に IBM San Jose 研究所で **System R** が，カ
リフォルニア大学バークレー校では **INGRES**（イングレス）というリレーショナル DBMS のプ
ロトタイプが成功裏に開発されたことで論争に終止符が打たれた．リレーショナル
データベースシステムが実用化されたのは 1980 年代に入ってからである．

　リレーショナルデータモデルは，それを用いて実世界を表現すると，全てのデー
タがテーブル（table，表）として表現されるので "分かり易い" という最大の特長
を有する．また，国際標準リレーショナルデータベース言語 SQL（エスキューエル）（これから先，
単に SQL と書くことが多い）が 1987 年に制定されて，誰もが容易に使えるデータ
ベースとなっている．科目–履修–学生データベースのリレーショナルデータモデル
表現を図 1.3(c) に示す．

---

[1] CODASYL の DBTG の術語.

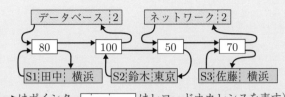

（→はポインタ，□……□はレコードオカレンスを表す）

(a) ネットワークデータモデルによる表現

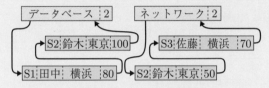

(b) ハイアラキカルデータモデルによる表現

科目

科目名	単位数
データベース	2
ネットワーク	2

学生

学籍番号	学生名	住所
S1	田 中	横 浜
S2	鈴 木	東 京
S3	佐 藤	横 浜

履修

科目名	学籍番号	得 点
データベース	S1	80
データベース	S2	100
ネットワーク	S2	50
ネットワーク	S3	70

(c) リレーショナルデータモデルによる表現

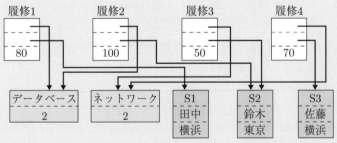

(d) オブジェクト指向データモデルによる表現

図 1.3　5つのデータモデルによる科目–履修–学生データベースの表現の違い（その1）

```
<?xmlversion="1.0" encoding="Shift?JIS"?>
<履修 履修番号="1">
    <科目 科目名="データベース">
        <単位数>2</単位数>
    </科目>
    <学生 学籍番号="S1">
        <学生名>田中</学生名>
        <住所>横浜</住所>
    </学生>
    <得点>80</得点>
</履修>
...
<履修 履修番号="4">
    <科目 科目名="ネットワーク">
        <単位数>2</単位数>
    </科目>
    <学生 学籍番号="S3">
        <学生名>佐藤</学生名>
        <住所>横浜</住所>
    </学生>
    <得点>70</得点>
</履修>
```

(e)　XML データモデル

図 1.3　5 つのデータモデルによる科目–履修–学生データベースの表現の違い（その 2）

■ オブジェクト指向データモデル

　オブジェクト指向データモデルについては，本来 CAD に代表されるエンジニアリングデータやマルチメディアデータなど，部品展開構造を持ついわゆる**複合オブジェクト**（composite object）を表現するのに向いていて，ビジネスデータを表現してもその特徴がよく見えてこないが，比較の意味で科目–履修–学生データベースのオブジェクト指向データモデル表現を図 1.3(d) に示す．図中，四角がオブジェクトを表し，オブジェクト間の矢印は参照（reference）関係を表している．SQL のオブジェクト指向拡張を第 5 章で紹介する．

■ XML データモデル

　XML データモデルは XML 文書を規定するためのデータモデルで，**半構造データ**（semi-structured data）を表現するのに向いている．このデータモデルが世に出た背景には，インターネット時代での電子政府の実現に向けて，例えば特許を特許庁に電子出願する場合，XML 文書か SGML 文書で出願しなければならないというような決まりが制定されたことにある．科目–履修–学生データベースのような

ネットワークデータモデルやリレーショナルデータモデルで的確に表現できる**構造化データ**（structured data）を XML データモデルで表現してもその特徴は見えてこないが，比較の意味で科目–履修–学生データベースの XML データモデル表現を図 1.3(e) に示す．SQL の XML 拡張を第 5 章で紹介する．

■ **データモデルが異なると…**

さて，図 1.3 に示したように，データモデルが異なるとデータベース化の対象となった実世界は同じでもデータベースの表現が異なってくるが，それらの違いはどのような意味を持っているのであろうか？ それをネットワークデータモデルとハイアラキカルデータモデルを用いた場合を例にとり説明してみる．例えば，ユーザが「佐藤が履修した全ての科目とその成績が知りたい」という質問（query，問合せ）を発行したとする．図 1.3(a) のネットワークデータベースでは，科目レコードと学生レコードの間には何の階層関係もなく対等であるから，学生レコードを検索して佐藤のレコードを見つけて，次はそこから発しているポインタを辿って佐藤はネットワークで 70 点取っていたことが分かる．しかし，図 1.3(b) で示されたハイアラキカルデータベースでは，科目レコードが "親" レコードなので，その "子" レコードである学生レコードには直接アクセスできず，親レコードを経由してアクセスするしかない．したがって，上記質問を処理するには，ハイアラキカル DBMS は全ての科目レコードをアクセスして，その子に佐藤のレコードがないか調べ，あればそのレコードに記載されている得点を返すという処理を行わなければならないことになる．その結果，このような問合せに対しては，ハイアラキカルデータベースはネットワークデータベースと比べて，質問の処理効率で劣る，つまり，同じ問合せを発行してもその処理にかかる時間に大きな違いが出てくることが直観できる．これはコンピュータの処理速度の問題ではなく，データモデルの違いによるものである．したがって，実世界をデータベース化するにあたっては，データモデルはどれでもよいという訳にはいかない．その選択基準は実世界のデータベース化の目的に大きく依存している．ビジネスデータ処理の分野では，データモデルの分かり易さ，高いデータ独立性の達成，データ操作の非手続き性などの観点から，リレーショナルデータモデルが広く受け入れられている．

1.3　データベース管理システムとは

　データベース管理システム（DBMS）はその名が示すように，データベースを管理するシステムである．通常，オペレーティングシステム（Operating System, OS）の力を借りて，その上で稼動するミドルウェア（middleware）のひとつとして開発される．DBMS は大別すると次に示す 3 つの機能を有する．

- メタデータ管理
- 質問処理
- トランザクション管理

　メタデータ管理（metadata management）とはその名が示すように，"データのデータ" としてのメタデータを管理するという意味で，大別すると 2 つの意味を持つ．ひとつは，ユーザに対してであり，エンドユーザにしろアプリケーションプログラマにしろ，自分が利用しようとするデータベースに一体どのようなデータがどのように格納されているのか，それを知らないでデータベースを利用することはできないので，まずはメタデータをアクセスしてそれを知ろうという目的に資するためである．もうひとつは，DBMS そのものに対してであり，自分が管理しているデータの種類やサイズ，あるいはデータにどのようなインデックス（index, 索引）が張られているか，誰がアクセス権を有するのかなど，質問を処理するにしろ，トランザクションを処理するにしろ，そのための基本的なデータを獲得するために必要不可欠であるという意味である．

　質問処理（query processing）は文字通り，エンドユーザから発せられたり，あるいはアプリケーションプログラムの実行中に発生したデータベースに対する質問を処理する機能である．特にリレーショナル DBMS では，ユーザは SQL という極めてハイレベルなデータ操作言語を使ってデータベースに対して質問を発行してくるので，この機能はとても大事である．ここに，ハイレベルとは非手続き的（non-procedural）ということであるが，ユーザは何を行いたいのか（what）だけを記せばよく，それをどのようにして実行するか（how）は記す必要がないという意味である．したがって，リレーショナル DBMS は SQL という "非手続き的" な言語で書かれた質問をコンピュータが処理可能な "手続き的" なプログラムに変換する必要があり，これを質問処理といっている．この変換は自明ではなくまた最適化も行わないといけないので，質問処理はデータベースシステムの優劣を支配する極めて大事な機能となる．

　トランザクション管理（transaction management）とはトランザクションと称される DBMS に対するアプリケーションレベルの仕事の単位を管理する機能をいうが，それにより次が実現できる．

● 障害時回復　　　　　　　　　　　● 同時実行制御

　障害時回復（recovery）とは，トランザクションは，トランザクション自体の不備（例えばプログラムエラー），電源断などのシステム障害，あるいはディスククラッシュなどのメディア障害により，その処理に異常をきたした場合，この異常をそのまま放置しておくとデータベースの一貫性を損なうことになるので，適切な措置が必要となる．例えば，システムダウンが復旧してシステムが再スタートした時点で，障害に遭遇したトランザクションが中途半端に更新したままとなっているデータベースのデータを全て旧値（old value，トランザクションが開始する前の値）に書き戻しておかねばならない．

　同時実行制御（concurrency control）とは，データベースは組織体の共有資源であるから，多数のトランザクションが同時に同じデータベースにアクセスしてくる．したがって，何らかの交通整理をしないと，多数のトランザクションがデータベースを好き勝手に読み書き（read/write）することとなり，その結果，データベースはグチャグチャ（＝ 一貫性のない状態）になって，トランザクションの処理結果の正しさを保証できなくなってしまう．このようなことが起こらないようにするのが同時実行制御である．

　なお，ここで，データをデータベースで管理することとファイル（file）で管理することとの違いに言及しておくと，データベースは組織体の唯一無二の共有資源として DBMS で "一元管理" されている．一方，ファイルはプログラムに隷属したデータ群であって，データは "プログラムごと" に管理される．したがって，前者では**データの整合性**を保ち易いが，後者では，例えば太郎の年齢が，あるファイルでは 25，別のファイルでは 26 となっていてもその違いを検出することが難しく，データの整合性を保ちにくい．

1.4　データベースの潮流

　データベースに係わる事象を 1960 年代初頭から現在に至るまで，通時的に追うことにより，ひとつの大きな潮流のあることを示そう．

　まず，先述の通り，世界で初めてのデータベースステムは 1963 年に開発された IDS であった．それはネットワークデータベースと呼ばれ，1968 年にはハイアラキカルデータベースの IMS が世に出ている．これらは**第 1 世代のデータベース**と呼ばれている．**第 2 世代のデータベース**であるリレーショナルデータベースは，アプリケーションプログラムとデータに関するロジックを分離してデータ独立性を達

成し，ソフトウェアの生産性を極限にまで上げようとする目的で，1970年に米国の
IBM San Jose 研究所のコッド博士により提案された．リレーショナルデータベー
スにより，データベースの流れが劇的に変化したことは万人が認めるところである．
リレーショナルデータベースは1980年代に入り実用化されることとなるが，現在
世界中にあまねく普及しており，データベースといえば，多くの人々がリレーショ
ナルデータベースを思い浮かべる状況となっている．

　このように，リレーショナルデータベースが成功すると，ビジネスデータに加
えて非ビジネスデータの管理・運用も効率よく行える DBMS が求められることと
なった．このような要求に応えるために開発されたのがオブジェクト指向 DBMS
や XML DBMS である．オブジェクト指向 DBMS はエンジニアリングデータを効
率よく管理・運用することが目的で，その嚆矢はオブジェクト指向プログラミング
言語 Smalltalk をデータベース化した GemStone で1984年に登場した．その後，
ObjectStore など数多くのオブジェクト指向 DBMS が開発された．一方，インター
ネット技術に裏打ちされた Web の興隆に伴い，Web ページを記述するための言語
HTML（HyperText Markup Language）と高い親和性を持つ XML（eXtensible
Markup Language）を用いて作成された XML 文書を交換・蓄積・検索・更新す
るためのデータベース技術が求められることなった．それに応えるために開発され
たのが，XML DBMS である．XQuery という XML データベースへの問合せ言語
は W3C（World Wide Web Consortium）勧告である．オブジェクト指向データ
ベースや XML データベースはリレーショナルデータベースの後に出現したものと
いう意味で**第3世代のデータベース**と位置付けられる．ただ，リレーショナルデー
タベースがこれだけ普及した状況の中で，エンジニアリングデータを管理・運用す
るためにはオブジェクト指向データベースを，XML 文書を管理・運用するためには
XML データベースを別途導入するのでは利用者の負担も大きいので，リレーショ
ナルデータベースの上で全てを賄えないかという要望は自然に湧きおこった．それ
に応えるために，本来ビジネスデータ処理用に規格化されてきた SQL が改正され，
SQL:1999 でオブジェクト指向拡張が，SQL:2003 と SQL:2006 で XML 拡張がな
されている（これらのより詳しい紹介は第5章）．

　そして，最新のデータベースの潮流はビッグデータ（big data）絡みである．デー
タベースの潮流を語るとき外せないポイントとして，ビッグデータの処理では従来
のデータベースシステムが営々と培ってきた高度な質問処理技術やトランザクショ
ン管理のための ACID 特性を堅持することではなく，とにかく時々刻々増大する
膨大で多様なデータの処理をできうる限り迅速に行いたという要求に応えられる新

たな技術が求められることとなったことを挙げられる．そのための象徴的な考え方が**結果整合性**（eventual consistency）である．この新しい考え方を実装したデータストア（data store）は，従来型のデータベースシステムが信奉してきた ACID^{アシッド}特性ではなく BASE^{ベース}特性を満たせばよいとする．これがビッグデータが **NoSQL**（＝ Not only SQL），つまりデータベースは SQL（＝ リレーショナルデータベース）だけではないよ，と謳う所以である（NoSQL のより詳しい紹介は第 15 章）．

　上記をまとめて，データベースの潮流を図 1.4 に示す．ここに，非構造化データ（unstructured data）とは自由に書かれた文書，音声，写真，動画などその構造をデータモデルとして規定することが難しいデータのことをいう．また，NoSQL の世界を第 1 象限の原点近傍から遠くに位置付けたのは，ACID 特性を信奉する SQL の世界と BASE 特性を掲げ多様なデータを管理・運用しようとする NoSQL の世界の違いを象徴的に描かんがためである．なお，SQL のビッグデータ拡張が検討されている．

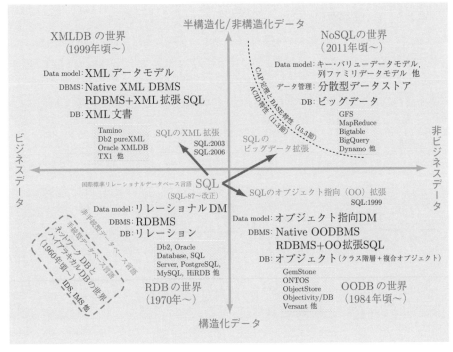

図 1.4　データベースの潮流

第1章の章末問題

　問題1　データベースはデータの基地であって，情報の基地ではない．このことをデータと情報の違いに言及した上で説明しなさい．

　問題2　実世界とデータベースの関係を，データモデル，データベース管理システム，ユーザといった用語を交え，図も使って説明しなさい．

　問題3　データベースは多義語である．それはどういうことか，説明しなさい．

　問題4　データをファイルで管理することと，データベースで管理することの違いを論じなさい．

　問題5　下記はデータベースの潮流について記した文章である．(ア)～(オ) を適当な用語で埋めなさい．

　　データベースの歴史は (ア) やハイアラキカルデータベースから始まり，(イ) でビジネスデータを十分に管理・運用できるようになった．その成功を受けて，エンジニアリングデータや XML 文書の管理・運用にもデータベース技術が適用できないか模索され，それが (ウ) や XML データベースを生んだ．しかしながら，近年のインターネットと Web 技術の凄まじい進歩により，(エ) に対応できる新しいデータベース技術が模索されることになった．それが NoSQL である．そこでは，これまでの (オ) に代わり，BASE 特性がデータベースの一貫性の基準となっている．

第2章
リレーショナルデータモデル
──構造記述──

　　リレーショナルデータベースの始祖コッドは，その功績に対して The 1981 ACM Turing Award を授与されたが，その受賞記念講演で，一般にデータモデルは少なくとも次の3つのコンポーネントからなると語っている：データベースの構成要素（building block）としてのデータ構造型，一般的な一貫性・整合性のための規則，そしてデータ操作．本書ではそれらを順に "構造"，"意味"，"操作" と呼び，本章でリレーショナルデータモデルの構造記述を，第3章で意味記述を，そして第4章で操作記述を論じる．

2.1　リレーショナルデータモデルの提案

　　リレーショナルデータモデルが提案された時代背景に一言触れる．世界で初めてのデータベースシステムである IDS は 1963 年に米国の GE（General Electric）社が開発したことは先に述べた．1968 年には同じく米国の IBM 社から IMS が発売されている．したがって，当時からデータベースの重要性が認識されていたことは事実であったが，折から吹き荒れていたのはいわゆるソフトウェア危機であった．情報システムが巨大化していく中で，ソフトウェアの生産性をどのようにして上げていくかというこの難題に，世界中の研究者や現場が必死に取り組んでいたのである．

　　コッド（Edgar F. Codd）はイギリスのオックスフォード大学で数学を専攻して学士・修士の称号を授与された後，米国へ渡りミシガン大学の計算機及び通信科学科に入学し，博士の称号を授与されている．1949 年に米国の IBM 社に入社している．彼の素養が数学にあったためであろう，いつ頃からかオートマトンの研究を始めて，1968 年には Academic Press 社から『Cellular Automata』という単行本を出版している．筆者もそのころオートマトンの研究をしていたから，黒い表紙のその本をよく覚えている．

　　その著作がオートマトン研究の集大成であったのだろう．彼のリレーショナルデータモデルに関する最初の論文は 1969 年に米国の IBM San Jose 研究所で出版された Technical Report であったので，1960 年代後半にはデータベースの研究に

打ち込んでいたことがうかがい知れる．コッドはソフトウェア危機を乗り越えるには，アプリケーションプログラムをデータベースの諸元（レコードの物理的並び順，インデックスの有無，データへのアクセスパスなど）から切り離し，それらの改変と無関係にすることを考えた．これがアプリケーションプログラムの高度の**データ独立性**（data independence）の達成である．その結果，1970年に*Communications of the ACM*, Vol.13, No.6, pp.377–387 で歴史的な論文 "A Relational Model of Data for Large Shared Data Banks" が世に問われることとなった．筆者はなぜオートマトン理論の研究に終止符を打ちデータベースの研究に移行したのかにとても関心があったから，1982年にIBM San Jose 研究所の客員研究員になったときに，コッド博士を訪ねて直接伺ったが「オートマトン理論は理論的には面白いのだけど，結びつく有益なアプリケーションをどうしても見つけることができなくて」というのが回答であった．筆者もオートマトンの研究をしていた時に同じような思いを持っていたから大いに共感したものである．

　さて，リレーショナルデータモデルの提案論文を一読してすぐに分かることは，コッドは数学の素養があったからこのように徹底してフォーマルなモデルを提案できたのだな，ということである．一言でいえば，データベースはリレーション，数学用語で関係，直観的には2次元のテーブル（table, 表），の集まりであるといったのだから，第1世代の只中にいた当時のデータベース関係者はさぞびっくりしたであろう．

　しかし，ここが米国のよいところであるが，彼の独創を育てるべく，IBM San Jose 研究所では **System R** プロジェクトが，カリフォルニア大学バークレー校ではストーンブレイカー（M. Stonebraker）が率いる **INGRES** プロジェクトが立ち上がり，リレーショナルデータベースシステムのプロトタイピングが競って行われたのである．前者はその後，**Db2** という商用 DBMS に，後者はオープンソースのリレーショナル DBMS として名高い **PostgreSQL** へと進化していった．

　コッド博士はとても温かい人となりで，筆者が IBM San Jose 研究所に滞在中に何度か筆者のオフィスを訪ねてくださり，当時筆者が研究していたビューサポートの研究（本書9.3節）の重要性を述べて，筆者を激励してくださった．

　博士の訃報は突然やってきた．心不全で 2003 年 4 月，フロリダ州の自宅で 79 歳の生涯を終えた．心よりご冥福をお祈りしたい．

　図 2.1 に在りし日のコッド博士の写真を掲載する．

図 2.1　コッド博士
（ACCESS Vol.12, No.3, 1986 年 5/6 月号，日本アイ・ビー・エム（株）より転載）

2.2　リレーション

　リレーショナルデータモデルが実世界の構造を記述するための基本要素とする
リレーション（relation）の定義を述べることから始める.

　まず, ドメイン（domain, 定義域）という概念を持ち込む. それは集合である.
有限集合でも無限集合（要素の数が無限の集合）でもよい. 例えば人名の集合, 給
与値の集合, 年齢の集合などはドメインである. またプログラミング言語流に様々
なデータ型, 例えば最大長 10 の可変長各国文字列型 NCHAR VARYING(10), あ
るいは整数を表す真数型 INTEGER など（で規定される集合）はドメインである.

　一般に $D_1, D_2, \cdots, D_n$ でドメインを表すことにする. 例えば, $D_1 = \{x \mid x$ は
人名$\}$ と定義したり, $D_2 = $ NCHAR VARYNG(10) と便宜的に表したりすること
にする. 次にドメインの**直積**（direct product, Cartesian product ともいう）を定
める. n 個のドメイン $D_1, D_2, \cdots, D_n$ の直積を $D = D_1 \times D_2 \times \cdots \times D_n$ と表
す. 例えば $D_1 = \{1, 2\}$, $D_2 = \{a, b, c\}$, $D_3 = D_1$ とするとき $D_1 \times D_2 \times D_3$ は
次のような 12（$= 2 \times 3 \times 2$）個の要素（element, 元）からなる集合である.

$$\{(1, a, 1), (1, a, 2), (1, b, 1), (1, b, 2), (1, c, 1), (1, c, 2),$$
$$(2, a, 1), (2, a, 2), (2, b, 1), (2, b, 2), (2, c, 1), (2, c, 2)\}$$

この直積集合の各要素を**タップル**（tuple, 組）という. つまり, この直積は 12 本
のタップルからなる. この様子を図 2.2 に示す.

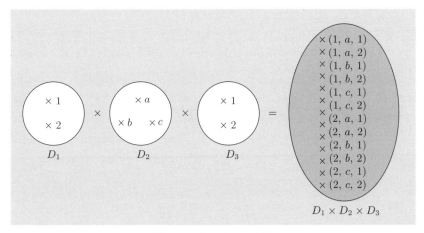

図 2.2　ドメインの直積

ここで，リレーションを定義する．

【定義】（リレーション）

$D_1, D_2, \cdots, D_n$ をドメインとするとき，$D_1, D_2, \cdots, D_n$ 上のリレーション R とは直積 $D_1 \times D_2 \times \cdots \times D_n$ の任意の有限部分集合をいう．

例えば，D_1, D_2, D_3 を上のようにしたとき，

$$R = \{(1, a, 1), (1, a, 2), (2, b, 1), (2, c, 2)\}$$

はリレーションである．R の各要素を R の**タップル**（tuple）という．R のタップルの総数を R の**濃度**（cardinality）という．この例では4である．R は D_1, D_2, D_3 という3つのドメインの上で定義されているが，リレーションが定義されているドメインの個数をその**次数**（degree）という．上の例では次数3である．次数1のリレーションを単項（unary）リレーション，次数 $2, 3, \cdots, n$ のリレーションをそれぞれ2項（binary）リレーション，3項（ternary）リレーション，$\cdots$, n 項（n-ary）リレーションという．なお，R を有限部分集合としたのは，無限では実装できないからである．

リレーションは上記のように集合であるが，それをテーブル（table，表）として表すこともできる．上記 R をテーブル表現すると図 2.3 のようになる．テーブルの横の列を**行**（row）という．これはリレーションのタップルにあたる．この例では4つの行があるが，行の並び順（つまり $(1, a, 1)$ が $(1, a, 2)$ に先行しているといったようなこと）は，何の情報も担っていないことに注意しよう．くどいが，リレーションは集合だからである[1]．またテーブルの縦の列を**カラム**（column，列あるいは欄）という．カラムは左から数えて，1番目，2番目という具合に順番付ける．この順番はドメインの並び順に対応するから意味がある．リレーションのことをテーブルとか表ということも多いが，それは上記のような理由による．ちなみに国際標準リレーショナルデータベース言語 SQL ではテーブルという．

1	a	1
1	a	2
2	b	1
2	c	2

図 2.3　R のテーブル表現

---

[1] 例えば，集合 $\{1, 2\}$ と $\{2, 1\}$ は同一である．

2.3　リレーションスキーマとインスタンス

　リレーションに関して話を少し具体的にしてみよう．そこで，リレーションを定義する 2 つのドメインを $D_1 = \{x \mid x$ は人名$\}$，$D_2 = $ INTEGER とする．リレーション R を次のように定義してみよう．

$R \subseteq D_1 \times D_2$　　（$\subseteq$ は部分集合の意味）

$R = \{($太郎, 25$), ($一郎, 30$), ($花子, 26$), ($桃子, 22$)\}$

R をテーブル表現すると図 2.4(a) のようになる．

　さて，図 2.4(a) のテーブルを見て読者は一体何を想像するであろうか．ある人は「人とその人の年齢」のデータ，つまり太郎は 25 歳で，一郎は 30 歳で，… と解釈するかもしれない．別の人は「人とその人の給与」のデータと解釈し，太郎の給与は月額 25 万円と読むかもしれない．

　実は，データをどのように解釈すべきかは，リレーションを設計した時点で決まっている．**データベース設計者**が友人名とその年齢を記録するためにリレーション R を作ったのなら，あたりまえのことだが，友人の名前と年齢のデータとして読むべきである．しかし，単にリレーション R を提示したのでは，データベース設計者の意図をまったく伝えられない．そこで**属性名**（attribute name，あるいはカラム名）と**リレーション名**（relation name，あるいはテーブル名）を与えることにする．ここに，**属性**とは人やものの特徴や性質をいう．例えば，R の例では，第 1 カラム（テーブル表現したときの一番左のカラム）には "名前"，第 2 カラムには "年齢" というカラム名を付けることにする．そして，このリレーションは友人のデータを集めたものだったので，テーブル全体には "友人" というテーブル名を付けることにする．そうすれば，データベース設計者の意図をデータベース利用者に伝えることができるであろう．テーブルとカラムに名前が付けられた R のテーブル表現を図 2.4(b) に示す．勿論，カラムやテーブルの命名は恣意的であってもかまわないが，できるだけ本来持っている意味を忠実に反映するように努力する．なお，このようにテーブルに名前が付き，各カラムに名前が付与されると，カラムの並び順には意味がなくなることに注意したい．

太郎	25
一郎	30
花子	26
桃子	22

(a) R のテーブル表現

友人

名前	年齢
太郎	25
一郎	30
花子	26
桃子	22

(b) R の名前付き
テーブル表現

図 2.4　R の（名前付き）
テーブル表現

さて，リレーションに属性名とリレーション名が付与されると，リレーションの新しい定義法が浮かび上がってくる．つまりリレーション R $(\subseteq D_1 \times D_2 \times \cdots \times D_n)$ の属性名を $A_1, A_2, \cdots, A_n$ とし，**ドメイン関数**（domain function）dom を次のように定義する．

$$\mathrm{dom} : A_i \to D_i \qquad (i = 1, 2, \cdots, n)$$

すると，$R \subseteq \mathrm{dom}(A_1) \times \mathrm{dom}(A_2) \times \cdots \times \mathrm{dom}(A_n)$ と定義される．

リレーション 友人 を例にとれば，$\mathrm{dom}(名前) = D_1$，$\mathrm{dom}(年齢) = D_2$ となり，友人 $\subseteq \mathrm{dom}(名前) \times \mathrm{dom}(年齢)$ と表される．

さて，ここで，もう一歩踏み込んで，リレーションスキーマという概念を理解しよう．図 2.4(b) に表したリレーション 友人 を少し注意深く観察してみると，太郎と一郎と花子と桃子が友人であるのはこのリレーションが作られたときにそうであった訳で，明日には花子と大喧嘩をして友人でなくなるかもしれないし，新たな友人ができるかもしれないことに気がつく筈である．つまり，リレーションとは時間の経過と共に変化していくものである．しかし，このリレーションが友人（の名前と年齢）を表しているという事実にはいささかの変化もない．そこで，このリレーションの時間に不変な性質を**リレーションスキーマ**（relation schema）と呼び，一般に時間の移り変わりと共に変化するリレーションそのものをリレーションスキーマの**インスタンス**（instance）ということにする．この例では，リレーションスキーマ **友人**(名前, 年齢) が定義されて（リレーションスキーマであることを明示するときには本書ではリレーション名に太字を使う），図 2.4(b) に示されたリレーション 友人 はある時刻での**友人**のインスタンスという訳である．

したがって，「リレーションスキーマに対して成立しないといけない性質はその全てのインスタンスに対して成立しないといけないし，逆にその全てのインスタンスに対して成立する性質はそのスキーマに対して成立する」ということになる．

なお，この 2 つの概念は常に峻別されるべきであるが，本来リレーションスキーマと書くべきところを単にリレーションと書くことも往々にしてあり，読者は注意を払ってほしい．ちなみに，リレーション 友人 を SQL で定義すると次にように書けるが，これは厳密にはリレーションスキーマ **友人**(名前, 年齢) を定義している（ここに，友人は名前で一意識別できるとしている）．

```
CREATE  TABLE  友人(
名前  NCHAR  VARYING(10),
年齢  INTEGER,
PRIMARY  KEY(名前))
```

なお，インスタンスとしてのリレーション **友人** は，リレーションスキーマ **友人** が定義された時点では空のリレーション **友人** に，友人データを挿入していくことで得られる．例えば，友人データ (太郎, 25) を挿入する SQL 文は次の通りである．

INSERT INTO 友人
VALUES ('太郎', 25)

また，花子のデータを削除する SQL 文，太郎の年齢を 26 に更新する SQL 文は各々次の通りである：

DELETE FROM 友人 　　　　　 UPDATE 友人
WHERE 名前 = '花子' 　　　　　 SET 年齢 = 26
　　　　　　　　　　　　　　　　　　WHERE 名前 = '太郎'

■ データベースの閉世界仮説

閉世界仮説 (closed-world assumption) について記す．これは論理学での概念で "現時点で真であると判明していないことは偽とする" という推定を表すが，データベースはこの仮説に立脚していて，"現時点でデータベースに記録されていない事象は実世界で生起していない" とする．したがって，リレーション **友人** (図 2.4 (b)) を例にとれば，現時点でリレーション **友人** に記録されていなければ友人ではないということである（対偶をとれば，現時点で友人ならばリレーション **友人** に記録されている）．したがって，記録漏れは許されない．

2.4　第 1 正規形

本節では 2 つのことを述べる．ひとつはリレーション（スキーマ）の第 1 正規形の定義である．もうひとつは，非第 1 正規形リレーションの第 1 正規形への正規化の手法である．

■ 第一正規形とは

リレーションはドメインの直積の有限部分集合であると述べた．実は，ドメインについては条件が課せられている．つまり，ドメインは**シンプル**（simple）でなければならない．これは，ドメインが分解できない，つまり他のドメインを使って定義されるようなことはないという意味である．

まず，リレーション（スキーマ）が第 1 正規形であることを定義することから始める．

【定義】（1NF）

　リレーションスキーマ **R** が**第 1 正規形**（the first normal form, **1NF**）であるとは **R** を定義する全てのドメインがシンプルであるときをいう.

　では, ここでドメインがシンプルであることの意味をもう少し立ち入って見てみよう.

　例えば, リレーション 社員(社員番号, 社員名, 趣味) の属性である社員名のドメインを次のように 2 つのドメインの**直積**で定義したとする.

$$\mathrm{dom}(社員名) = \mathrm{dom}(姓) \times \mathrm{dom}(名)$$

この意図は明らかであろう. 名前を "山田太郎" とするのではなくて, 姓と名に分けて "(山田, 太郎)" とすることで, 可読性を向上させ曖昧性を除去しようとする狙いである. しかし, リレーショナルデータモデルでは, ドメインのシンプル性に違反するから, これは許されない. これは何を意味しているのか？ よく考えると分かるが, この場合, (山田, 太郎) ∈ dom(姓) × dom(名) は

$$\{(山田, 太郎)\} \subseteq \mathrm{dom}(姓) \times \mathrm{dom}(名)$$

を意味するから, (山田, 太郎) は図 2.5 に示される濃度 1 の 2 項リレーションを表していることになる[2].

社員名

姓	名
山田	太郎

図 2.5　(山田, 太郎) を表すリレーション

つまり, 直積で定義されるドメインを許すということは, リレーション 社員 の属性 社員名 の値として新たなリレーションを許すということで, その結果, リレーションの中にまたリレーションが何段にもわたり入れ子になるという**入れ子型リレーション**（nested relation） を許してしまうことになる. この入れ子型リレーションはデータの視認性では優れたところもあるが, 問合せを書き下すにあたっては, 問合せを何段にもわたって入れ子にしていかなくてはならず, ユーザフレンドリでないだけでなく, そのような質問の処理系を構築しようとした場合に, 大変複雑になることが予想されるので, それを排除したというコッドの卓見による.

　シンプルでないもうひとつの典型例が, **べき集合**（power set） として定義されるドメインである. 例えば, 人は幾つかの趣味を持つであろう. まったく趣味を持たない人もいれば, ひとつ持っている人もいれば, 複数持っている人もいる. したがって, このような趣味を表現するには, シンプルなドメイン 趣味 = {読書, 料理, ジョギング, カラオケ, ゲーム, ブログ, 筋トレ, カメラ, …} を定義しておいて, そ

---

[2] x を集合 S の元とするとき, $x \in S$ ならば $\{x\} \subseteq S$ で, その逆も成立することによる.

のべき集合 $2^{趣味}$ を考える.

$$2^{趣味} = \{\phi, 読書, 料理, ジョギング, カラオケ, ゲーム, \cdots, \{読書, 料理\},$$
$$\{読書, ジョギング\}, \cdots, 趣味\}$$

ここで, ϕ は空集合を表す. ドメイン 趣味 の濃度を n とすれば, $2^{趣味}$ の濃度は 2^n である.

このようなドメインを考えると, 例えば山田太郎の趣味は $\{読書, ブログ, 筋トレ\}$ という具合に的確に表現できる. しかし, $\{読書, ブログ, 筋トレ\}$ は集合であり,

$$\{読書, ブログ, 筋トレ\} \subseteq 趣味$$

であるから, これは図 2.6 に示す濃度 3 の単項リレーションであることが分かる. つまり, べき集合であるドメインを許すと, またリレーションの中にリレーションを許すことになり, 大変複雑なことになる. したがって, これも排除する.

趣味

趣味名
読書
ブログ
筋トレ

図 2.6　山田太郎の趣味を表すリレーション

このようなシンプルでないドメインを有するリレーションを**非第 1 正規形**（non-first normal form, $\mathbf{(NF)^2}$）という（あるいは単に非正規形）.

■ 非第 1 正規形リレーションの正規化

リレーションが非第 1 正規形ではリレーショナルデータベースのリレーションとはなり得ないので, 第 1 正規形に正規化する必要がある. ドメインが直積で定義されている場合は各々をドメインとする. ドメインがべき集合の場合には集合を値と

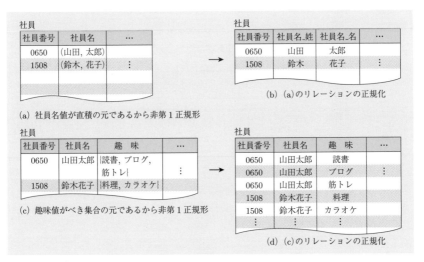

(a) 社員名値が直積の元であるから非第1正規形

(b) (a)のリレーションの正規化

(c) 趣味値がべき集合の元であるから非第1正規形

(d) (c)のリレーションの正規化

図 2.7　非第 1 正規形リレーションの正規化

してとるのではなく，その集合の元一個一個に対応してタップルを作成する．その結果，列の数が増えたり，値が重複して格納されたりすることになるが，リレーションは第1正規形でなければならぬとしたことで，リレーショナルデータモデルは誰もが理解できるモデルとなっている．

図2.7に非第1正規形リレーションの正規化を例示する．

第2章の章末問題

問題1　リレーションが非第1正規形であるとはどういうことか，具体例を示しつつ説明しなさい．

問題2　リレーションが第1正規形であるとはどういうことか，具体例を示しつつ説明しなさい．

問題3　2つのシンプルなドメインの直積のべき集合として定義されるドメインの一例を示しなさい．続いて，このドメインで定義される非第1正規形のリレーションの一例を示し，それを第1正規形に正規化した結果を示しなさい．

問題4　図に示す非第1正規形リレーション 社員 を第1正規形に正規化しなさい．

社員

社員番号	社員名		扶養家族
007	姓	名	名
	山田	太郎	一郎
			次郎
			桃子
008	姓	名	名
	鈴木	花子	太郎
			明日香

問題5　リレーションスキーマとリレーションの関係性を，例を示して具体的に説明しなさい．

第3章
リレーショナルデータモデル
──意味記述──

　本章では，リレーショナルデータベースの意味記述を行う．意味（semantics）とはリレーションという構造だけでは捉えきれない実世界の制約のことである．例えば，社員をデータベース化した際にリレーション 社員(社員番号, 社員名, 給与) を定義したとする．このとき，社員の平均給与は 20 以上でなければならないという制約はリレーションという構造的枠組みでは表現できない．また，リレーションはその定義からして，幾つか候補キーを持つが，そのうちのどれを主キーとするかはデータベース設計者の恣意に任されている．しかし，リレーションのある属性の組がいったん主キーとされると，それは（他の候補キーには課せられない）キー制約という制約を課せられる．リレーショナルデータベースを常に一貫性のある状態（つまり，実世界と矛盾のない状態）に保つためには，リレーショナルデータベースには構造を超えて，意味の世界が取り込まれていなければならない．その一端を論じる．

3.1　候補キーと主キー

　リレーショナルデータベースでは，データベースを検索するにしろ更新するにしろ，リレーションのどのタプル（群）にアクセスしようとしているのかを的確に指定できねばならない．例えば，リレーション 社員(社員番号, 社員名, 給与, 所属, 健保番号[1]) があった場合，このリレーションは実世界のある企業の社員を写し込んでいる訳だから，タプルを見たときに，どの社員のことを表しているタプルなのかを唯一に識別できねばならない．

　そもそも，リレーションは有限個のドメインの直積の有限部分集合と定義された．この "集合" として定義されたことが極めて大事で，集合論の始祖であるカントール（G. Cantor）は集合を "異なる元の集まり" と定義している．実際リレーションは有限個のドメインの直積集合から（実世界を反映していると考えられる）"異なる" タプルを抜き出して作られる．この意味するところは，n-項リレーションの

---

[1] 健康保険証に記載の被保険者ごとに割り振られた番号のことを，ここでは簡単に健保番号といった．

ひとつを $R = \{t_1, t_2, \cdots, t_m\}$，ここに $(\forall i)(t_i = (a_{i1}, a_{i2}, \cdots, a_{in}))$ と表せば，$(\forall i, j)(\exists k)(a_{ik} \neq a_{jk})$ が成り立つということであるから，最悪の場合でも，リレーション R の全属性集合 $\{A_1, A_2, \cdots, A_n\}$ はタップルの一意識別能力を持つことになる．

　一般には，リレーションの全属性集合の部分集合がそのリレーションのタップルの一意識別能力を持つ．このような性質を持つ属性の極小組を**候補キー**（candidate key）という．ここに "極小"（minimal）とはその属性の組（属性の集合というも同じ）から1個属性を取り除くと，それは最早タップルの一意識別能力を失ってしまうという意味である．最小（minimum）とせず極小としているのは，そのような性質を有する属性の組が複数存在するかもしれないからである．候補キーは1個の属性からなるときもあるし，2個の属性の組からなるときもあれば，全属性集合が初めてそうなるときもある．これはリレーションの性質による．例えば，図3.1に示すリレーション 社員(社員番号, 社員名, 給与, 所属, 健保番号) では，社員番号 や 健保番号 は候補キーである．ただし，異なる社員に同じ社員番号や同じ健保番号を割り振ることはしないという会社の人事方針の下で，この例では，社員名は，同姓同名の社員がいる恐れがあるとして，候補キーとはしなかった．

社員

社員番号	社員名	給　与	所　属	健保番号
0650	山田太郎	50	K55	80596
1508	鈴木花子	40	K41	81403
0231	田中桃子	60	K41	80201
2034	佐藤一郎	40	K55	81998

図3.1　リレーション 社員

　別の例として図3.2に示すリレーション 納品(商品番号, 顧客番号, 納品数量) を考えると，この場合は，属性の組 {商品番号, 顧客番号} が候補キーとなろう．同じ商品でも異なる顧客に納品する場合もあろうし，同じ顧客に異なる商品を納品する場合も当然あると考えられるからである．なお，候補キーを構成する属性を**キー属性**という．

　さて，データベース設計者は候補キーのひとつを選んでそれを**主キー**（primary key）とする．例えば，上記のリレーション 社員 では，候

納品

商品番号	顧客番号	納品数量
G1	C1	3
G1	C2	10
G2	C2	5
G2	C3	10

図3.2　リレーション 納品

補キーは 2 つあるが，社員を同定するのであるから社員番号でそれを行う，と決めれば社員番号を主キーとする．リレーション 納品 では，候補キーが 1 つしかないから，それが主キーである．社員番号を主キーとしたことや {商品番号, 顧客番号} が主キーであることは，リレーションスキーマ（3.4 節）に明示される（これから先，主キー（を構成する属性）にはアンダーラインを引くこととする）．

さて，主キーと指定されたことで，その他の候補キーとは特別な**意味的制約**（semantic constraint）を課せられることになる．それが**キー制約**（key constraint）である．

【定義】（キー制約）
主キーは次の条件を満たさなければならない．
(1) 主キーはタップルの一意識別能力を備えていること
(2) 主キーを構成する属性は**空**（null）をとらないこと

そもそも，候補キーや主キーはリレーションスキーマに対して定義されるべき概念であるから，この定義の意味するところは，そのいかなるインスタンスにおいてもこの制約が成り立たなければならないことを意味している．

ここで，キー制約の (2) 項について，更に詳しく解説する．空とは値がないことを表すしるしである．空を表すために，"—" を書き込む．この制約が主張していることは，候補キーならば空をとってもよいが，主キーだと宣言されたら最早それは許されないということである．リレーション 社員 で健保番号は候補キーではあったが主キーとは宣言されなかったから，健保番号は空でもよい．しかし，社員番号に空は許されない．この制約を無視して，例えば (—, 山田太郎, 50, K55, —) というタップルを図 3.1 のリレーション 社員 に挿入したらどういう事態を招くのであろうか．明らかに，例えば「K55 に所属する社員は誰ですか？」とか「社員は総勢何名いますか？」といった至極簡単な質問にもデータベースは答えられなくなってしまう．これはリレーショナルデータベースとして許されないことである．なお，キー制約の妥当性はデータベースの閉世界仮説（2.3 節）を想起すると納得できよう．空については 4.4 節でより詳しく述べる．

3.2 外部キー

　リレーショナルデータベースは一般に複数のリレーションからなる．例えば，企業の総務関係のデータを把握するために，社員(社員番号, 社員名, 給与, 所属)や部門(部門番号, 部門名, 部門長, 部員数)などのリレーションが定義されたとしよう．

　さて，このとき社員や部門といったリレーションはお互いに無関係で存在し得るであろうか．いや，そうではない．この例では次のことに注意したい．

- リレーション 社員 の所属欄には，リレーション 部門 に記録されている部門番号値か，空しか入り得ない．
- リレーション 部門 の部門長欄には，リレーション 社員 に記録されている社員番号値か，空しか入り得ない．

つまり，存在もしない部門が所属先であったり，社員でない人が部門長であったりはしない．ただ，空(その時点で所属や部門長が分からなかったり，未定)であることは許す，という制約である．このとき，リレーション 社員 の属性 所属 はリレーション 部門 に関する**外部キー**(foreign key)であるという．同様に，リレーション 部門 の属性 部門長 はリレーション 社員 に関する外部キーである．

　外部キーであることも，主キーと同様，リレーションスキーマを定義する時に定義する(3.4節)．そして，外部キーを宣言することにより，次の制約が課せられる．

【定義】(外部キー制約)

　リレーション $R(\cdots, A_i, \cdots)$ の属性 A_i がリレーション $S(\underline{B_1}, \cdots)$ に関する外部キーであるならば，R の任意のタプル t に対して，$t[A_i]$ は空であるか，そうでない場合には S にあるタプル u が存在して，$t[A_i] = u[B_1]$ でなければならない．ここに，$t[A_i]$ と $u[B_1]$ はそれぞれ t と u の A_i 値と B_1 値を表す．

　リレーション 社員 と 部門 に関する外部キーと外部キー制約の様子を図 3.3 に示す．

　なお，外部キー制約の妥当性はデータベースの閉世界仮説を念頭におき，かつ外部キーが参照している属性(= 被参照属性)はリレーションの主キーであることを勘案すると理解が深まる．つまり，被参照属性はキー制約により非空であるから，外部キーが空をとらない限り，それは実在している属性値をとっていることが分かろう(具体的にはリレーション 社員 の外部キー 所属 は実際にその社員が所属している部門番号値を，リレーション 部門 の外部キー 部門長 は実際にその部門を統括している部門長の社員番号値をとっている)．

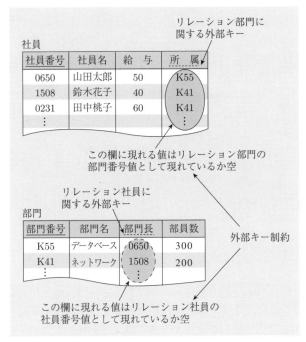

図 3.3　社員–部門データベースと外部キー

3.3　その他の一貫性制約

　キー制約や外部キー制約はデータベースが実世界の状態と矛盾していない，つまりデータベースの一貫性を保証するために必要であるが，そのために他にも様々な制約があり，それらはおしなべて**一貫性制約**（integrity constraint）と称される．本節では，検査制約，表明，トリガと呼ばれる一貫性制約を紹介する．他に，関数従属性や多値従属性といった制約もあるが，これらはリレーショナルデータベースの正規化理論のところで取り上げる（第7章）．

■ 検査制約

　検査制約（check constraint）とは，例えば社員の所属値は 'K55' か 'K41' か 'その他' の何れかでないといけないとか，社員の平均給与は 20 以上でないといけないとかいった制約をいう．SQL ではこのような制約を，リレーションを定義するときに明示的に指定できる．その様子を図 3.4 に示す．検査制約が定義されたことで，リレーション 社員 は更新されるごとにそれらの制約が DBMS によりチェックされ，この制約に抵触する更新は受け付けられない．

```
CREATE TABLE 社員 (
        ⋮
        所属 NCHAR(3),
        CHECK(所属 IN ('K55', 'K41', 'その他 ')),
        ⋮
        年齢 INTEGER,
        CHECK( 年齢 >= 16 ),
        ⋮
        給与 INTEGER,
        CHECK( 20 <=
                (SELECT AVG(給与)
                 FROM 社員) ),
        ⋮
        )
```

図 3.4　検査制約の定義例

■ 表　明

　表明（assertion）は上記検査制約では書き表すことのできないようなより複雑な制約を定義することができる．表明では検査制約では定義ができない2つのリレーションにまたがる意味的制約を定義できる．例えば，図 3.3 に示したリレーション社員 と部門を定義したとき，「直属の上司よりも高給をとっている社員がいてはいけない」という制約を表すことができる．この例を SQL で図 3.5 に示す（SQL の問合せについては第5章を参照）．

```
CREATE ASSERTION 給与制約
    CHECK (NOT EXISTS
        (SELECT X.*
        FROM    社員 X, 社員 Y, 部門 Z
        WHERE   X.所属 = Z.部門番号
            AND Z.部門長 = Y.社員番号
            AND X.給与 > Y.給与))
```

図 3.5　表明の定義例

■ トリガ

　検査制約や表明を用いると，リレーション内の制約やリレーション間の制約を定義することができた．何れもリレーショナルデータベーススキーマ設計者の視点からの制約記述である．一方，実世界での様々な制約をユーザのアプリケーションの視点から記述してデータベースに反映させたいという要求がある．このような**ユーザ定義**（user defined）の意味的制約を記述する仕掛けが**トリガ**（trigger）である．

トリガの基本的な考え方は，あるリレーションが更新されると，それをきっかけにして，他のリレーションにも必要な更新を施して，データベースの一貫性を保証したい場合の適用がある．典型的な例として，図 3.3 に示した社員–部門データベースではリレーション 社員 に新入社員の挿入や会社を辞めた人の削除に対応して，リレーション 部門 の部員数を増減しないといけないが，これはトリガでしか書けない．1 人の新入社員の挿入に伴い当該部員数を 1 増やすトリガの例を SQL で図 3.6 に示す．

```
CREATE TRIGGER 部員数整合
    AFTER INSERT ON 社員
        UPDATE 部門
        SET 部員数 = 部員数 + 1
        WHERE 部門.部門番号 = 社員.所属
```

図 3.6　トリガの定義例

3.4　リレーショナルデータベーススキーマ

　これまで述べてきたことを振り返ると，第 2 章ではリレーショナルデータベースの構成要素としてのリレーションが導入され，本章ではリレーションという構造記述だけでは捉えきれない実世界の意味を記述するための枠組みが導入された．

　これだけ準備が整うと，実世界の写絵としてのリレーショナルデータベースの構造と意味をきちんと記述することが可能となる．それが**リレーショナルデータベーススキーマ**（relational database schema）である．図 3.7 に社員–部門データベースのスキーマを SQL で記述した例を示す．そこでは，誰がこのデータベースにアクセスできるのかという**権限付与**が AUTHORIZATION 句で指定される．リレーションスキーマ **社員** や **部門** ではその構造に加えて主キー，外部キー，CHECK 句が定義され，更にビュー（9.3 節）や表明，トリガが定義されている．リレーションスキーマ **社員** では社員番号が主キーであることが PRIMARY KEY 句を用いて宣言されている．部門でも同様である．主キーであることを宣言された属性はキー制約によりその属性が空（NULL）となることは許されないのは勿論であるが，この例では社員名や部門名は主キーではないもののそれは常に空ではなくちゃんと属性値を持ってほしいということで，NOT NULL 指定がされている．

```
CREATE SCHEMA 社員-部門 AUTHORIZATION U007;
CREATE DOMAIN 部門番号型 NCHAR(3);
CREATE TABLE 社員 (
        社員番号 INTEGER,
        社員名 NCHAR VARYING(10) NOT NULL,
        給与 INTEGER,
        所属 部門番号型,
        PRIMARY KEY(社員番号),
        FOREIGN KEY(所属) REFERENCES 部門 (部門番号),
        CHECK (20 <=
                SELECT AVG(給与)
                FROM 社員),
        CHECK (所属 IN ('K55', 'K41', 'その他')));
CREATE TABLE 部門 (
        部門番号 部門番号型,
        部門名 NCHAR VARYING(10) NOT NULL,
        部門長 INTEGER,
        部員数 INTEGER,
        PRIMARY KEY(部門番号),
        FOREIGN KEY(部門長) REFERENCES 社員 (社員番号));
CREATE VIEW 貧乏社員
        AS SELECT *
        FROM 社員
        WHERE 給与 < 20;
CREATE ASSERTION 給与制約
        CHECK (NOT EXISTS
                (SELECT X.*
                FROM 社員 X, 社員 Y, 部門 Z
                WHERE X.所属 = Z.部門番号
                    AND Z.部門長 = Y.社員番号
                    AND X.給与 > Y.給与));
CREATE TRIGGER 部員数整合
        AFTER INSERT ON 社員
                UPDATE 部門
                SET 部員数 = 部員数 + 1
                WHERE 部門.部門番号 = 社員.所属;
```

図3.7　リレーショナルデータベーススキーマの定義例（概略）

　なお，誰がデータベーススキーマを定めるかというと，その役割を担うのがデータベースの設計者である．ANSI/X3/SPARC ではこの者を組織体管理者（enterprise administrator）といっている（9.1 節）．大事な点は，設計者はインスタンスとしてのリレーションを決めるのではなく，その時間的に不変な枠組みとしてのリレーションスキーマと意味的制約を決めていくということである．

第 3 章の章末問題

　問題 1　候補キーとは何か，主キーとは何か，そして両者の違いを述べなさい．
　問題 2　リレーション 社員(社員番号, 社員名, 所属) と 部門(部門番号, 部門名, 部門長)，ここにアンダーラインはその属性が主キーであることを表す，があり，部門長が社員に関する外部キーであったとする．これはどういうことを意味するのか説明しなさい．
　問題 3　リレーションスキーマを構成する全ての属性の組が初めて候補キー，したがって主キー，となる属性数が 4 以上のリレーションスキーマの一例を示し，なぜそうなのか説明を加えなさい．

第4章
リレーショナルデータモデル
──操作記述──

コッドは，リレーショナルデータモデルを世に問うたときに，リレーショナル代数と名付けたデータ操作言語を提案した．リレーショナル代数そのものをリレーショナルデータベースのユーザインタフェースに提供している DBMS はないが，SQL などのリレーショナルデータベース言語はリレーショナル代数もしくはそれと等価なリレーショナル論理（relational calculus）の考え方を基本に設計されている．

4.1 リレーショナル代数演算──4つの集合演算──

リレーショナル代数（relational algebra）はリレーショナルデータベースの始祖コッドが彼の最初の論文で提案したリレーショナルデータベースのためのデータ操作言語（data manipulation language, DML）で，次に示す8個の演算からなる．

- 和集合演算
- 射影演算
- 差集合演算
- 選択演算
- 共通集合演算
- 結合演算
- 直積演算
- 商演算

このうち，左4つが集合演算であり，右4つがリレーショナル代数に特有の演算である．集合演算が導入された理由は，そもそもリレーションとは有限個のドメインの直積の有限部分集合として定義されたから，自然な発想によるものといえる．

本節では集合演算を中心に述べる．そのために2つのリレーションの和・差・共通演算が定義可能となる概念である和両立を述べることから始める．

【定義】（和両立）

リレーション $R(A_1, A_2, \cdots, A_n)$ と $S(B_1, B_2, \cdots, B_m)$ が和両立（union compatible）とは次の2つの条件を満たしているときをいう．

(1) R と S の次数が等しい（すなわち $n = m$）．

 (2) 各 i $(1 \leq i \leq n)$ について，A_i と B_i のドメインが等しい．すなわち，$(\forall i)(\mathrm{dom}(A_i) = \mathrm{dom}(B_i))$．

ここで，和両立な2つのリレーションとして，ある会社のテニス部とサッカー部の部員を表すリレーションを考え，図 4.1 に示す．

テニス部員

氏　名	所　属	連絡先
山田太郎	K55	5643-3192
鈴木花子	K41	5591-0585
佐藤一郎	K55	5274-5201

サッカー部員

部員名	所　属	電　話
田中桃子	K41	5989-3201
山田太郎	K55	5643-3192

図 4.1 和両立な2つのリレーション

■ 和集合演算

> R と S を和両立なリレーションとする．R と S に和集合演算を施した結果は，R と S の和（union）と呼ばれ，$R \cup S$ で表す．その定義は次の通りである．
>
> $R \cup S = \{t \mid t \in R \lor t \in S\}$

ここに，$\lor$ は論理和（logical union）を表す論理記号で，$t \in R \lor t \in S$ は，タップル t が R または S の元であるとき真になる1変数の述語である．

 図 4.2 (a) にリレーション テニス部員 と サッカー部員 の和集合演算の結果を示す．この意味は明らかであろうが念を押す．ユーザが，もし「テニス部かサッカー部に所属している人を知りたい」と思ったら，リレーション テニス部員 とリレーション サッカー部員 の "和" をとりなさい，ということで，これをリレーショナルデータベースシステムに指示するときに "テニス部員 ∪ サッカー部員" と書きなさいということである．この書き方はリレーショナル代数表現のひとつで，その体系は 4.3 節で述べる．

 更に，細かな注意をしておくと，集合というのはその定義から元の重複はあり得ない．したがって，和集合演算の結果に同じタップルが重複して現れることはないから，テニス部員 ∪ サッカー部員に山田太郎のタップルは1本しか現れない（これは SQL では SELECT 文で DISTINCT 指定をしないと，行が重複して結果に現れてくるのと対照的である（5.2 節））．

テニス部員∪サッカー部員

氏　名	所　属	連絡先
山田太郎	K55	5643-3192
鈴木花子	K41	5591-0585
佐藤一郎	K55	5274-5201
田中桃子	K41	5989-3201

（山田太郎，K55，5643-3192）なるタップルは
重複して現われないことに注意する

(a)　2つのリレーション テニス部員とサッカー部員の和

テニス部員－サッカー部員

氏　名	所　属	連絡先
鈴木花子	K41	5591-0585
佐藤一郎	K55	5274-5201

(b)　2つのリレーション テニス部員とサッカー部員の差

テニス部員∩サッカー部員

氏　名	所　属	連絡先
山田太郎	K55	5643-3192

(c)　2つのリレーション テニス部員とサッカー部員の共通

図 4.2　テニス部員とサッカー部員の和，差，共通集合演算結果

■ 差集合演算

R と S を和両立なリレーションとする．R と S に差集合演算を施した結果は，R と S の**差**（difference）と呼ばれ，$R - S$ で表す．その定義は次の通りである．
$$R - S = \{t \mid t \in R \wedge \neg(t \in S)\}$$

ここに，$\wedge$ は論理積（logical product），$\neg$ は論理否定（logical negation）を表す論理記号で，$t \in R \wedge \neg(t \in S)$ は，タップル t は R の元であるが S の元ではないとき真になる1変数の述語である．

図 4.2 (b) にリレーション テニス部員 と サッカー部員 の差集合演算の結果を示す．

■ 共通集合演算

R と S を和両立なリレーションとする．R と S の共通集合演算を施した結果は，R と S の**共通**（intersection）と呼ばれ，$R \cap S$ で表す．その定義は次の通りである．
$$R \cap S = \{t \mid t \in R \wedge t \in S\}$$

ここに，$t \in R \wedge t \in S$ は，タップル t が R かつ S の元であるとき真になる 1 変数の述語である．

図 4.2(c) にリレーション テニス部員 と サッカー部員 の共通集合演算の結果を示す．

■ 直積演算

$R(A_1, A_2, \cdots, A_n)$ と $S(B_1, B_2, \cdots, B_m)$ を 2 つのリレーションとする．このとき R と S の **直積**（direct product，あるいは Cartesian product），これを $R \times S$ と書く，は次のように定義される $n + m$ 次のリレーションである．

$$R \times S = \{(r, s) \mid r \in R \wedge s \in S\}$$

図 4.3 に直積の一例を示す．2 つのリレーションのタップルの全ての組合せが出現する．お互いの値を全て付き合わせるのに必要な演算である．なお，直積の属性名は $R.A_i$ や $S.B_j$ というように元のリレーション名で修飾することを原則とする．これを **ドット記法**（dot notation）という．

社員

社員番号	社員名	給 与	所 属
0650	山田太郎	50	K55
1508	鈴木花子	40	K41
0231	田中桃子	60	K41
2034	佐藤一郎	40	K55

(a) リレーション 社員

部門

部門番号	部門名	部門長
K55	データベース	0650
K41	ネットワーク	1508

(b) リレーション 部門

社員×部門

社員.社員番号	社員.社員名	社員.給与	社員.所属	部門.部門番号	部門.部門名	部門.部門長
0650	山田太郎	50	K55	K55	データベース	0650
0650	山田太郎	50	K55	K41	ネットワーク	1508
1508	鈴木花子	40	K41	K55	データベース	0650
1508	鈴木花子	40	K41	K41	ネットワーク	1508
0231	田中桃子	60	K41	K55	データベース	0650
0231	田中桃子	60	K41	K41	ネットワーク	1508
2034	佐藤一郎	40	K55	K55	データベース	0650
2034	佐藤一郎	40	K55	K41	ネットワーク	1508

(c) 社員×部門

図 4.3 リレーションの直積演算

4.2 リレーショナル代数演算──4 つの固有の演算──

■ 射影演算

射影（projection）はリレーションを縦方向に切り出す演算である．関心のある属性だけを切り出す．

$R(A_1, A_2, \cdots, A_n)$ をリレーション，R の全属性集合 $\{A_1, A_2, \cdots, A_n\}$ の部分集合を $X = \{A_{i_1}, A_{i_2}, \cdots, A_{i_k}\}$, ここに $1 \leqq i_1 < i_2 < \cdots < i_k \leqq n$ とする．このとき **R の X 上の射影**，これを $R[X]$ （あるいは $R[A_{i_1}, A_{i_2}, \cdots, A_{i_k}]$）と書く，は次のように定義されるリレーションである．

$$R[X] = \{t[X] \mid t \in R\}$$

ここに，$t[X]$ は $t = (a_1, a_2, \cdots, a_n) \in R$ とするとき，$t[X] = (a_{i_1}, a_{i_2}, \cdots, a_{i_k})$ と定義される t の部分タップルである．

図 4.4 に射影演算の一例をあげる．射影演算の結果もまたリレーションなので重複したタップルは現れない（これは SQL の SELECT 文で DISTINCT 指定をかけた場合に相当する）．

供給

供給元	部品	供給先
A11	P101	K55
A11	P102	K51
A11	P102	K41
A12	P102	K41
A12	P103	K51
A13	P101	K41
A13	P102	K51
A13	P103	K51

（a）リレーション 供給

供給[供給元, 部品]

供給元	部品
A11	P101
A11	P102
A12	P102
A12	P103
A13	P101
A13	P102
A13	P103

（A11, P102）なるタップルは重複して現れないことに注意する

（b）リレーション 供給 の属性集合 {供給元, 部品} 上の射影

図 4.4 射影演算

なお，$R[X]$ を関数的に $\pi_X[R]$ と書く記法もある．ギリシャ文字の π（バイ）は英語では p に対応し，projection の頭文字を表している．

■ 選択演算

選択（selection）はリレーションを横方向に切り出す演算である．関心のあるタップルだけを抜き出す．

> $R(A_1, A_2, \cdots, A_n)$ をリレーション，A_i と A_j を θ-比較可能な属性とする．このとき，**R の A_i と A_j 上の θ-選択**，これを $R[A_i\ \theta\ A_j]$ と書く，は次のように定義されるリレーションである．
>
> $$R[A_i\ \theta\ A_j] = \{t \mid t \in R \land t[A_i]\ \theta\ t[A_j]\}$$

ここに，A_i と A_j が **θ-比較可能**（θ-comparable）とは，$\mathrm{dom}(A_i) = \mathrm{dom}(A_j)$ かつ R の任意のタップル t に対して，t を変数とする述語 $t[A_i]\ \theta\ t[A_j]$ の真か偽が常に定まるときをいう．また，比較演算子 θ は $>$（大なり），$\geqq$（以上），$=$（等号），$\leqq$（以下），$<$（小なり），$\neq$（不等号）のうちの何れかとする．

図 4.5 に大なり選択演算の一例を示す．

商品

商品番号	商品名	原価	売価	定価
G110	刺　身	600	500	980
G120	豆　腐	90	75	120
G130	卵	95	100	140
G140	コーヒー豆	700	860	860
G150	ケーキ	200	250	300

(a) リレーション 商品（定休日前日の夕方5時過ぎのスーパーマーケットを想定）

商品[原価>売価]

商品番号	商品名	原価	売価	定価
G110	刺　身	600	500	980
G120	豆　腐	90	75	120

(b) リレーション 商品の属性 原価 と 売価 上の大なり選択

図 4.5　大なり選択演算

なお，$R[A_i\ \theta\ A_j]$ の関数的記法は $\sigma_{A_i \theta A_j}(R)$ である．ギリシャ文字 σ（シグマ）は英語では s に対応し，selection の頭文字を表している．

■ 結合演算

結合（join）は2つのリレーションを結合属性間の関係でお互いのタップルを結合して関連付ける演算である．

$R(A_1, A_2, \cdots, A_n)$ と $S(B_1, B_2, \cdots, B_m)$ を 2 つのリレーション，A_i と B_j を θ-比較可能とする．このとき **R と S の A_i と B_j 上の θ-結合**，これを $R[A_i \, \theta \, B_j]S$ と書く，は次のように定義されるリレーションである．

$$R[A_i \, \theta \, B_j]S = \{(t, u) \mid t \in R \land u \in S \land t[A_i] \, \theta \, u[B_j]\}$$

図 4.6 にリレーション 社員 と 部門 の所属と部門番号上の**等結合**（equi-join）の結果を示す．

社員[所属＝部門番号]部門

社員.社員番号	社員.社員名	社員.給与	社員.所属	部門.部門番号	部門.部門名	部門.部門長
0650	山田太郎	50	K55	K55	データベース	0650
1508	鈴木花子	40	K41	K41	ネットワーク	1508
0231	田中桃子	60	K41	K41	ネットワーク	1508
2034	佐藤一郎	40	K55	K55	データベース	0650

図 4.6　等結合演算

等結合では，結合カラムが重複する（図 4.6 では 社員.所属 と 部門.部門番号）ので前者を残し後者を捨てた結果を表す演算を**自然結合演算**（natural join operation）といい，$R * S$ で表す．

なお，射影演算や選択演算と同様，結合演算を関数的に表す場合，$R \bowtie_{A_i \theta B_j} S$ と書く．

■ 商演算

$R(A_1, A_2, \cdots, A_{n-m}, B_1, B_2, \cdots, B_m)$ を n 次，$S(B_1, B_2, \cdots, B_m)$ を m 次 $(n > m)$ のリレーションとする．**R を S で割った商**（division），これを $R \div S$ と書く，は次のように定義されるリレーションである．

$$R \div S = \{t \mid t \in R[A_1, A_2, \cdots, A_{n-m}] \land (\forall u \in S)((t, u) \in R)\}$$

定義から明らかなように，$(R \times S) \div S = R$ となるので商演算と名付けられた．商演算は数理論理学の全称記号（$\forall$）に対応する演算である．商演算の例は次節の商演算の項（問 10）で与えられている．

なお，上記 8 つの演算は全て独立な訳ではない．例えば，$R \cap S = R - (R - S)$ であるから，共通集合演算は差集合演算を 2 度使うと実現できる．このような意味で，8 つのうち，和，差，直積，射影，選択の 5 つの演算の組はお互いに独立である．独立でない演算が定義されているのはそれらの有用性による．

4.3 リレーショナル代数表現

8つのリレーショナル代数演算はそれぞれに意味を持っていた．リレーショナルデータベースで最も大事なことのひとつは，それらの演算の結果が "またリレーションになる" ということである．したがって，リレーショナル演算を施した結果をあたかも以前から存在していたリレーションであるかのように使って，新たな問合せを**再帰的**（recursive）に組み立てていくことができる．換言すれば，リレーショナルデータベースへの質問はデータベースにあらかじめ格納されているリレーション（これを**実リレーション**（base relation）という）に8つのリレーショナル代数演算を再帰的に適用して表現できるもののみ，ということになる．それを体系化したのが**リレーショナル代数表現**（relational algebra expression）である．

【定義】（リレーショナル代数表現）

(1) リレーショナルデータベースの実リレーション R は表現である．

(2) R と S を表現とするとき，R と S が和両立なら，$R \cup S$, $R - S$, $R \cap S$ は表現である．

(3) R と S を表現とするとき，$R \times S$ は表現である．

(4) R を表現とするとき，$R[X]$ は表現である．ここに，X は R の属性のなす集合である．

(5) R を表現とするとき，$R[A_i \ \theta \ A_j]$ は表現である．ここに，A_i と A_j は R の属性で θ-比較可能とする．

(6) R と S を表現するとき，$R[A_i \ \theta \ B_j]S$ は表現である．ここに，A_i と B_j はそれぞれ R と S の属性で，θ-比較可能とする．

(7) R と S を表現とするとき，$R \div S$ は表現である．

(8) 以上の定義によって得られた表現のみがリレーショナル代数表現である．

上記 (1) で実リレーションを**表現**（expression）であると規定して，以降は表現ならば次に定義されるものもまた表現と規定しているところが "再帰的" といっているのであり，(8) で定義を締めくくっている．

では，様々な問合せをリレーショナル代数表現として書き下してみよう．

■ リレーショナル代数表現の演習

> リレーション 学生(<u>学生名</u>, 大学名, 住所), アルバイト(<u>学生名</u>, <u>会社名</u>, 給与), 会社(<u>会社名</u>, 所在地) があるとする. 次の問合せを各々リレーショナル代数表現で表しなさい. なお, 問合せを書き下すにあたり, 属性値が文字列である場合にはアポストロフィ（'）で囲むこと.

● 実リレーションは表現であることを使った問合せ

(問1) 全ての学生の全データを求めよ.

　　　学生

● 選択演算

(問2) 全ての令和大生を求めよ.

　　　学生 [大学名 = '令和大']

● 選択演算と射影

(問3) すべての令和大生の学生名と住所を求めよ.

　　　(学生 [大学名 = '令和大'])[学生名, 住所]

● 選択演算と差集合演算

(問4) アルバイトをしていない令和大生の学生名を求めよ.

　　　((学生 [大学名 = '令和大'])[学生名]) − アルバイト [学生名]

● 等結合演算と射影——その1——

(問5) 令和大生がアルバイトをしている会社名を求めよ.

　　　((学生 [学生名 = 学生名] アルバイト)[学生.大学名 = '令和大'])[アルバイト.会社名]

(問6) A商事でアルバイトをしている学生の学生名と大学名を求めよ.

　　　((学生 [学生名=学生名] アルバイト)[アルバイト.会社名 = 'A商事'])[学生.学生名, 学生.大学名]

(問7) 所在地が新宿の会社で給与が50以上のアルバイトをしている学生の学生名を求めよ.

　　　((((アルバイト [会社名 = 会社名] 会社)[会社.所在地 = '新宿'])[アルバイト.給与 ≧ 50])[アルバイト.学生名]

● 等結合演算と射影——その2——

(問8) 住所が同じ, つまり同じところに住んでいる令和大生の異なった学生名の組を全て求めよ.

$(((($学生 [大学名 $='$令和大$']$)[住所 = 住所]($学生 [大学名 $='$令和大$']$))[$T_1.$学生名 $\neq T_2.$学生名])[$T_1.$学生名, $T_2.$学生名]$

ここに結合の左側に現れる 学生 [大学名 $='$令和大$']$ を T_1，右側に現れる 学生 [大学名 $='$令和大$']$ を T_2 とおいた.

● 2度の等結合演算と射影

(問 9) 学生の住所とそのアルバイト先の所在地が同じ学生の学生名と住所を求めよ.

$((($学生 [学生名 = 学生名] アルバイト)[アルバイト $.$ 会社名 = 会社名] 会社$)

$[T.$学生$.$住所 = 会社$.$所在地])[$T.$学生$.$学生名, $T.$学生$.$住所$]$

ここに $T = ($学生 [学生名 = 学生名] アルバイト$)$ とおいた.

● 商演算

(問 10) 全ての令和大生がアルバイトをしている会社名を求めよ.

(アルバイト [学生名, 会社名]) $\div$ (($学生 [大学名 $='$令和大$']$)[学生名]$)

なお，一般に，同じ質問を表す異なるリレーショナル代数表現が複数存在することもある.

■ リレーショナル完備

リレーショナルデータモデルにはリレーショナル代数とは別に**リレーショナル論理**（relational calculus）と呼ばれるデータ操作言語がある. より厳密には，**タップルリレーショナル論理**と**ドメインリレーショナル論理**がある. リレーショナル代数が集合論に基づいた体系であるのに対して，リレーショナル論理は述語論理（predicate calculus）に基づいた体系である. しかし，これら 3 つの体系は問合せの記述能力において "等価"，つまりどの体系で質問を記述しても書き下せるものは書き下せるし，書き下せないものは書き下せないことが証明されている. その意味で，何れもがリレーショナルデータベースのデータ操作言語としては取りこぼしがないということで，この性質を**リレーショナル完備**（relationally complete）といっている.

4.4 空とその意味

リレーショナルデータモデルでは，リレーションは有限個のドメインの直積の有限部分集合と定義されている. したがって，リレーションの各タップルの属性は必ずそのドメインの何らかの元を値としてとっている.

しかしながら，リレーショナルデータベースを実用に供していくと，属性値がない場合が生じることがある. 例えば，リレーション 社員(社員番号, 氏名, 所属, 給与,

配偶者) があったとき，社員の所属はその社員の配属先を値としてとる筈であるが，その社員の配属先が未定であれば配属欄に記入されるべき dom(所属) の値はない．このように，何らかの理由で属性欄に記載されるべき属性値がないとき，それを空欄で放置しておくのではなく，とるべき値がないことを明示するためにその属性欄に空 (null) を書き込むこととする[1]．本書では空を "—" で表している (SQL では NULL で表す)．

　さて，一口に空といっても実に様々な意味があることに注意したい．異なった空の意味は 14 種に及ぶという ANSI/X3/SPARC の中間報告 (1975 年 2 月) もあるが，空の意味をスマートに整理するひとつの考え方はそれを 3 種類に分類することである．

- unk—unknown，未知の
- dne—nonexistent (= does not exist)，存在しない
- ni—no-information，情報がない

これはどういうことかというと，属性欄が空となり得る状況を考えてみると，次に示す 4 つの分類 (i)〜(iv) の (ii)〜(iv) に該当する場合と考えられるからである．

(i)　属性値は存在し，既知である．

(ii)　属性値は存在するが，未知である．→ unk

(iii)　属性値は存在しない．→ dne

(iv)　属性値が存在するのかしないのか，分からない．→ ni

　unk，dne，ni の具体例をリレーション 社員 の属性 配偶者 について示せば次のようであろう．

- unk の例：配偶者はいるがそのデータが提供されていないので配偶者欄が空である．
- dne の例：配偶者がいない社員の配偶者欄が空である．
- ni の例：配偶者がいるのかいないのか分からない社員の配偶者欄が空である．

この分類は，上記 4 つの分類 (i)〜(iv) に漏れがないという意味で健全 (sound) である．しかしながら，空は空でも異なった意味を有しているので，タプルの属性欄が空であるとき，その空の読み方に疑義が生じよう．エンドユーザやアプリケーション開発の立場からはリレーショナル DBMS や SQL がこの意味の違いを取り扱ってくれると有難いが，現状ではそうなっていない．

---

[1] "空" はいかなるドメインの値でもないので，空値 (null value) とはいわない．よく，空値といったり書いたりしている者がいるが，これは間違いである (ただ，気持ちは分かる)．

空の導入とリレーショナル代数演算の拡張

リレーションの属性が空をとることを許すならば，リレーショナル代数演算の幾つかを拡張することができて，その有用性が高まる．その典型が次の 2 つである．

- 外結合演算
- 推量 θ-選択演算と推量 θ-結合演算

詳細は本章末のコラム「空と拡張リレーショナル代数演算」に記すので，興味を抱いた読者は参照されたい．

第 4 章の章末問題

問題 1　リレーション 製品(製品番号, 製品名, 単価) と，製品を作っている工場の状況を表すリレーション 工場(工場番号, 製品番号, 生産量, 所在地)，及び製品を保管している倉庫の状況を表すリレーション 在庫(倉庫番号, 製品番号, 在庫量, 所在地)，があるとする（アンダーラインは主キーを表す）．次の問合せを各々リレーショナル代数表現で表しなさい．

(問 1)　単価が 100 以上である製品の製品番号と製品名を求めなさい．
(問 2)　ステレオ（製品名）を 10 以上生産している工場の工場番号と所在地を求めなさい．
(問 3)　札幌にある倉庫に 5（在庫量）しか在庫していない製品の製品名とそれを生産している工場番号を求めなさい．

問題 2　リレーション 学生(学生名, 大学名, 住所), アルバイト(学生名, 会社名, 給与), 会社(会社名, 所在地) があるとする（アンダーラインは主キーを表す）．次の質問を各々リレーショナル代数表現で表しなさい．

(問 1)　令和大生の学生名と住所を求めなさい．
(問 2)　池袋に住んでいる令和大生の学生名を求めなさい．
(問 3)　住所が同じ令和大生の学生名の全ての組を求めなさい．
(問 4)　令和大生がアルバイトをしている会社名を求めなさい．
(問 5)　全ての令和大生がアルバイトをしている会社名を求めなさい．
(問 6)　アルバイトをしていない令和大生の名前を求めなさい．
(問 7)　A 商事でアルバイトをしている学生の学生名と大学名を求めなさい．
(問 8)　アルバイト先の所在地と住所が同じ学生の学生名と住所を求めなさい．
(問 9)　住んでいるところとは違うところにある会社でアルバイトをしている令和大生の学生名を求めなさい．
(問 10)　所在地が新宿の会社で給与が 50 以上のアルバイトをしている学生の学生名を求めなさい．

問題 3　リレーション 商品 と 納品 は下に示す通りとする（アンダーラインは主キーを表す）．以下の問いに答えなさい．

(問 1)　リレーション 商品 と 納品 を商品番号で等結合した結果リレーションを示しなさい．

(問2) リレーション 商品 と 納品 の商品番号上の左外結合 商品 ⋈_{商品番号＝商品番号} 納品 の結果リレーションを示しなさい（コラム「空と拡張リレーショナル代数演算」を参照のこと）．

商品

商品番号	商品名	価　格
S01	ボールペン	150
S02	消しゴム	80
S03	クリップ	200

納品

商品番号	顧客番号	納品数量
S01	C01	10
S01	C02	30
S02	C02	20
S02	C03	40

問題4 リレーションの属性は状況により値がないことが生じる．そのような場合はその属性欄に空（リレーショナル代数では ——）を書き込むことになるが，空といっても様々な意味がある．空の意味を，そもそも属性値は存在するのかしないのか，属性値は既知か未知か，といった観点から3つに分類するとよいという考え方がある．それはどういうことか，適切な例を示しつつ説明しなさい．

コラム　空と拡張リレーショナル代数演算

■外結合演算

リレーションの属性が空をとることを許すならば，従来の結合演算に加えて**外結合演算**（outer join operation）を導入することができる．この演算はコッドが定義した8つの演算には入っていないが，従来の等結合演算を使った場合に遭遇する不便さを解消することができる．

一例を挙げれば次の通りである．図 4.7 に示されたリレーション 供給 と 需要 の等結合演算 供給 [部品 ＝ 部品] 需要 の結果は同図 (a) に示される通りである．この結果

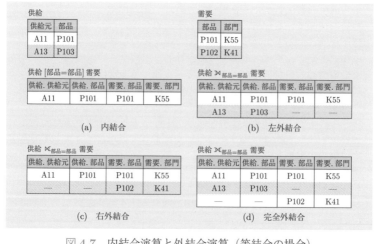

図 4.7　内結合演算と外結合演算（等結合の場合）

に何の誤りもないのだが，この結果から，リレーション供給に (A13, P103) という
タップルや，需要に (P102, K41) というタップルがあった，すなわち A13 が P103 を
供給し，P102 を K41 が需要しているという事実を読み取ることはできない．しかし
ながら，**左外結合演算**（left outer join operation），**右外結合演算**（right outer join
operation），そして**完全外結合演算**（full outer join operation）を使うとこの状況を
補える．つまり，それらの演算をそれぞれ 供給 ⟗$_{部品=部品}$ 需要，供給 ⟖$_{部品=部品}$ 需要，
供給 ⟗$_{部品=部品}$ 需要と書くと，それらの結果は同図 (b), (c), (d) に示される通りと
なり，上記の不便さを解消できている（このとき，ここでの空の意味が unk, dne, ni
のどれにあたるか心配になるかもしれないが，結合する相手が存在しない訳であるか
ら dne であろう）．なお，本来の等結合演算を外結合演算と峻別する意味で，それを
内結合演算（inner join operation）ともいう．

■ 推量 θ-選択演算と推量 θ-結合演算

リレーションの属性が空をとることを許すと，リレーショナル代数を（本章で前提
としてきた）2 値論理から **3 値論理**（three-valued logic）に拡張する必要が出てくる．
例えば，θ を大なり（>）演算子としたとき，$8 > 5$ という命題は真（true）といえるが，
$8 > \text{NULL}$ は真とも偽（false）ともいえないから，その真偽は **不定**（unknown）とす
る第 3 の値を導入しないといけない．その結果，**推量 θ-選択演算**（maybe θ-selection
operation）や**推量 θ-結合演算**（maybe θ-join operation）が導入されることとなる．

リレーション $R(A_1, A_2, \cdots, A_n)$ の A_i と A_j を θ-比較可能としたとき，R の A_i
と A_j 上の推量 θ-選択，これを $R[A_i \, \theta_\omega \, A_j]$ と表す，は次のように定義される．

$$R[A_i \, \theta_\omega \, A_j] = \{t \mid t \in R \wedge t[A_i] \, \theta \, t[A_j] \text{ IS 不定}\}$$

ちなみに，R と S をリレーション，$R.A_i$ と $S.B_j$ を θ-比較可能としたとき，R と S
の $R.A_i$ と $S.B_j$ 上の推量 θ-結合は次のように定義できる．

$$R[A_i \, \theta_\omega \, B_j]S = (R \times S)[R.A_i \, \theta_\omega \, S.B_j]$$

第5章
SQL

　SQL は ISO（国際標準化機構）が定めた国際標準リレーショナルデータベース言語で，"エスキューエル" と発音する固有の語である．1987 年に制定された SQL-87 に始まり，SQL-92，SQL:1999，SQL:2003，SQL:2006，SQL:2008，SQL:2011，SQL:2016，SQL:2019 などと幾度となく改正されてきている．改正の狙いは SQL の機能の充実で，SQL-92 でリレーショナルデータ操作言語としての完成度が評価されたが，時代の要求に応えるために SQL:1999 ではオブジェクト指向拡張され，また SQL:2003 と SQL:2006 では XML 拡張がなされている．本章ではこれらを概観する．

5.1　SQL とは

■ 標準化の経緯

　データベース言語はデータ定義やデータ操作などの機能を有するが，その標準化は構築したデータベースの相互運用やアプリケーションプログラムの再利用などを考えると必須で，リレーショナルデータベースについては ANSI（American National Standards Institute，アメリカ国家規格協会）がいち早く取り組み，それに ISO（International Organization for Standardization，国際標準化機構）も呼応して，1987 年には国際標準リレーショナルデータベース言語 **SQL** が制定された．同年，日本でもその邦訳が日本工業規格 JIS X 3005 として制定された．SQL はその後幾度となく改正されて，現在に至っている．本書はもとより SQL の全てを紹介することを意図したものではなく，本節と次節でその最も基本的な機能である SQL による問合せ指定を解説する．また，埋込み SQL や永続格納モジュール（SQL/PSM）と関連させて SQL の計算完備性を 5.3 節で，SQL の非ビジネスデータベース応用を垣間見る意味で，SQL のオブジェクト指向拡張と XML 拡張を 5.4 節で概観する．

■ SQL による問合せ指定

　SQL ではリレーショナルデータモデルでのリレーション，属性，タップルを**表**（table），**列**（column），**行**（row）という．また，表には，リレーショナルデータベー

スに格納されている**実表**（base table），ビューとして定義された**ビュー表**（view table），問合せの結果を表す**導出表**（derived table）がある．

さて，SQLにより問合せ（query，質問）を書き下すことを問合せを指定するという．**問合せ指定**（query specification）の基本構文の概略を図5.1に示す．構文は**BNF**（Backus-Naur form）記法で与えられている．ここで，大括弧 [ ] はオプションを，省略記号 ··· は要素の1回以上の反復を，中括弧 { } はひとかたまりの要素の並びを表す．

```
<問合せ指定> ∷ =
    SELECT [ALL | DISTINCT] <選択リスト> <表式>
<選択リスト> ∷ =
    <値式> [{, <値式>}] | *
<表式> ∷ =
    <FROM 句>
    [<WHERE 句>]
    [<GROUP BY 句>]
    [<HAVING 句>]
<FROM 句> ∷ =
    FROM <表参照> [(, <表参照>)···]
<WHERE 句> ∷ =
    WHERE <探索条件>
<探索条件> ∷ =
    <ブール一次子> | <探索条件> OR <ブール一次子>
<ブール一次子> ∷ =
    <ブール因子> | <ブール一次子> AND <ブール因子>
<ブール因子> ∷ =
    [NOT] <ブール素項>
<ブール素項> ∷ =
    <述語> | (<探索条件>)
<GROUP BY 句> ∷ =
    GROUP BY <列指定> [(, <列指定>)···]
<HAVING 句> ∷ =
    HAVING <探索条件>
```

図5.1 ＜問合せ指定＞の基本構文の概略

したがって，SQLの問合せ指定，これを**SELECT文**という，の基本形は図5.2に示すように**FROM句**や**WHERE句**などからなる．

なお，SQLでテーブルを生成するときはCREATE TABLE文を，既存のテーブルに行を挿入するときはINSERT文を，削除するときはDELETE文を，そして更新するときはUPDATE文を用いる（これらの単純な例が2.3節末に与えられている）．

SELECT	<値式$_1$>，<値式$_2$>，$\cdots$，<値式$_n$>
FROM	<表参照$_1$>，<表参照$_2$>，$\cdots$，<表参照$_m$>
WHERE	<探索条件>

図 5.2　SQL の問合せ指定（SELECT 文）の基本形

さて，SQL で質問を書き下したり，あるいは第 10 章で論じる質問処理の最適化など
の議論では，問合せ指定を便宜的に次の 3 つのタイプに分類して議論すると分かり易い.

(1)　単純質問（simple query）

(2)　結合質問（join query）

(3)　入れ子型質問（nested query）

以下，質問は図 5.3 に示される社員–部門データベースに対して発行されるとして，
これらの質問の書き下し方を説明する.

社員

社員番号	社員名	給与	所属
0650	山田太郎	50	K55
1508	鈴木花子	40	K41
0231	田中桃子	60	K41
2034	佐藤一郎	40	K55
0713	渡辺美咲	60	K55

部門

部門番号	部門名	部門長
K55	データベース	0650
K41	ネットワーク	1508

図 5.3　社員–部門データベース

5.2　単純質問，結合質問，そして入れ子型質問

■ 単純質問

単純質問（simple query）とは，SELECT 文の FROM 句に唯一つの <表参照>
が指定され（すなわち $m = 1$），かつ WHERE 句の <探索条件> 中に再度 SELECT
文が入らないような質問をいう.

(1)　全社員の全データを見たい.

　　SELECT ＊

　　FROM 社員

　　リレーショナル代数表現 社員 に対応する質問である．＊（アスターリスク）は
　　社員表の全列名からなる選択リストを表す．導出表として社員表がそっくり
　　ユーザに提示される.

(2)　社員の給与一覧を見たい．

　　DISTINCT 指定をかけるかかけないかで導出表が異なる．DISTINCT 指定をかければリレーショナル代数表現の射影に対応する操作となる．

　　(a)　DISTINCT 指定をかけないと導出表は一般に**マルチ集合**（＝ 元の重複を許す元の集まり．**バッグ**（bag）ともいう）となる[1]．これに対応するリレーショナル代数表現はない．

　　　　SELECT　給与

　　　　FROM　社員

導出表：

給与
50
40
60
40
60

　　　　DISTINCT 指定をかけないと給与が 40 と 60 の社員がそれぞれ 2 名いることが分かる．これが重複行を許すメリットのひとつである．他に重複行を除去するにはソート（sort）処理が必要となるが，それを行わなくてよいので質問処理が高速になる．

　　(b)　DISTINCT 指定をかけることで導出表はいわゆるリレーション（＝ 集合）になる．対応するリレーショナル代数表現は 社員[給与] である．

　　　　SELECT　DISTINCT　給与

　　　　FROM　社員

導出表：

給与
50
40
60

(3)　K55 に所属している社員の社員番号，社員名，給与を見たい．

　　K55 社員を抜き出す操作はこの場合リレーショナル代数表現の選択に対応する．SQL はリレーショナル代数と異なり比較演算子は 2 つの列の比較のみならず，所属＝'K55' という具合にひとつの列と属性値との比較を直接書ける．

---

[1] リレーショナル代数と SQL のデータ操作言語としての違いのひとつは，前者は集合意味論（set semantics），後者はバッグ意味論（bag semantics）に基づいて言語設計がなされている点にあり，したがって，前者では重複したタップルが出現することのないリレーションが操作対象となるが，後者では重複した行の存在を前提としたテーブルを操作対象としている．

```
SELECT  社員番号, 社員名, 給与
FROM  社員
WHERE  所属='K55'
```

(4) 図5.1に示した基本構文から分かるように探索条件では述語がNOT, AND, OR で結合できる. 例えば, K55 に所属していて給与が 50 以上の社員の社員番号と社員名を知りたいという SELECT 文は次の通り.

```
SELECT  社員番号, 社員名
FROM  社員
WHERE  所属='K55'
    AND  給与 >= 50
```

(5) 選択リストには列名そのものでなく, 一般に**値式** (value expression) を書ける. 例えば, 社員の給与とその0.8掛けの値を知りたいときは, 次の SELECT 文を書く.

```
SELECT  社員番号, 社員名, 給与, 給与 × 0.8
FROM  社員
```

このとき注意すべきは, 導出表で値式 給与 × 0.8 に対応する列名はない. しかし, もしその列に "8 割支給額" と名前を付けたければ, SELECT 句で AS 句を指定して, 給与 × 0.8 ではなく 給与 × 0.8 AS 8 割支給額 と書けばよい.

導出表:

社員番号	社員名	給与	
0650	山田太郎	50	40
1508	鈴木花子	40	32
0231	田中桃子	60	48
2034	佐藤一郎	40	32
0713	渡辺美咲	60	48

(6) 比較演算子 θ に加えて BETWEEN, IN, LIKE, NULL, EXISTS などの述語が使える. 例えば, 給与が 40 以上かつ 50 以下の社員の全データを求める SELECT 文は次の通り.

```
SELECT  *
FROM  社員
WHERE  給与  BETWEEN  40  AND  50
```

(7) ORDER BY, GROUP BY, HAVING 句が使える.

(8) **集約関数** (aggregate function) COUNT, SUM, AVG, MAX, MIN を使える.

(7) と (8) をまとめた一例として次の質問を考える．

 SELECT　所属，AVG(給与)

 FROM　社員

 GROUP　BY　所属

 HAVING　COUNT(*)>=3

この SELECT 文の意味は，当該部門に所属している社員の数が 3 以上の部門について，所属値とその部門に所属している社員の平均給与を求めている．K55 部門が社員数 3 以上なので導出表は次のようになる．値式 AVG(給与) に対する列名は付かないが，(5) で述べたと同様に，もし列名を付けたければ，例えば AVG(給与) AS 平均給与 と AS 句を指定すればよい．

導出表：

所属	
K55	50

■ 結合質問

結合質問（join query）とは表参照リストに少なくとも 2 つの表名（必ずしも異なっている必要はない）が現れる問合せである．リレーショナル代数の直積演算や結合演算に対応する．

(9)　社員と部門の全ての組合せを求めたい．これはリレーショナル代数の直積 社員 × 部門 に対応する．このとき，WHERE 句は不要なことに注意する．

  SELECT　社員.*，部門.*

  FROM　社員，部門

(10)　データベース部に所属している社員の社員番号と社員名を求めよ．

  SELECT　X.社員番号，X.社員名

  FROM　社員　X，部門　Y

  WHERE　X.所属=Y.部門番号

   AND　Y.部門名='データベース'

ここに，X や Y は**相関名**（correlation name）と呼ばれ，この例ではそれぞれ社員表，部門表の行を指す．

導出表：

社員番号	社員名
0650	山田太郎
2034	佐藤一郎
0713	渡辺美咲

相関名は次の例に見られるように，同じ表を別の意味で区別して使用するときに必須となる．

(11)　直属の上司よりも高給をとっている社員の社員番号と社員名を求めよ．

　　　SELECT　X.社員番号，X.社員名
　　　FROM　社員　X，部門　Y，社員　Z
　　　WHERE　X.所属$=Y$.部門番号
　　　　AND　Y.部門長$=Z$.社員番号
　　　　AND　X.給与 $>Z$.給与

導出表：

社員番号	社員名
0231	田中桃子
0713	渡辺美咲

■入れ子型質問

　入れ子型質問（nested query）とは，そのWHERE句の中にまた問合せ指定が入れ子となって出現する問合せをいう．入れ子となった問合せをSQLでは副問合せ（subquery）という．入れ子型質問が定義できるのは，図5.1に示した基本構文で，"ブール一次子 ::= <述語> | (<探索条件>)"という規則の<述語>が"<述語> ::= <比較述語> | <IN述語> | …"と展開され，更に比較述語やIN述語の右辺で再び問合せを指定できるからである．この入れ子構造は多段にわたってよい．

　入れ子となった質問はそれを入れ子にしている外側の質問と独立に処理できる場合もあるが，相関を有する（correlated）場合は入れ子になった質問は外側の質問と連動して処理される．例えば，平均給与より高給を取っている社員データを求める質問(12)は前者の典型例であるが，上記(11)の質問を入れ子型質問として書いた質問(13)は後者の典型例である．なお，質問(12)は入れ子型質問でしか書けないことに注意したい．

(12)　平均給与より高給を取っている社員データを求めよ．

　　　SELECT　*
　　　FROM　社員
　　　WHERE　給与 $>$
　　　　　（SELECT　AVG(給与)
　　　　　FROM　社員)

導出表：

社員番号	社員名	給与	所属
0231	田中桃子	60	K41
0713	渡辺美咲	60	K55

(13)　直属の上司よりも高給をとっている社員の社員番号と社員名を求めよ．

```
SELECT  X.社員番号, X.社員名
FROM  社員  X
WHERE  X.給与 >
          (SELECT  Z.給与
          FROM  部門  Y, 社員  Z
          WHERE  X.所属=Y.部門番号
          AND  Y.部門長=Z.社員番号)
```

　この場合，入れ子となった内側の質問は，相関名 X で指定される外側の社員
表の行一本ごとにその所属値を $X.$所属 で取り込んで毎回処理される．

　入れ子型質問は人の段階的思考に対応するものである．

5.3　SQL と計算完備性

■ SQL はリレーショナル完備

　データベース言語はリレーショナル代数の質問記述能力を有するとき**リレーショナ
ル完備**（relationally complete）であるというが（4.3節），SQL はそうである．リレー
ショナル代数は前章で述べたごとく和，差，共通，直積，選択，射影，結合，商の8つの
演算からなったが，そのうちの和，差，直積，選択，射影の5つの演算の組はお互いに
独立である（4.2節）．したがって，これら5つの演算を丁度表現できる SELECT 文
を書き下すことができれば SQL はリレーショナル完備といえる．まず，和は UNION
演算子，差は EXCEPT 演算子を使い書き下せる（R と S は和両立とする）．

SELECT $R.*$ FROM R	SELECT $R.*$ FROM R
UNION	EXCEPT
SELECT $S.*$ FROM S	SELECT $S.*$ FROM S

また，直積，選択，射影は SELECT 文で書き下せたから，SQL はリレーショナル
完備である．

■ SQL は計算完備？

　さて，SQL はリレーショナル完備であるが，**計算完備**（computationally com-
plete）であろうか？ ここに，計算完備とは，"世の中で計算できることはプログラ
ムできる"という性質で，通常のプログラミング言語はその性質を有する．SQL は
SQL:1999 の改正で再帰問合せ（recursive query）が導入されたことで理論的には
計算完備になった．しかしながら，実践的には計算完備とは言いがたい．なぜなら

ば，SQL:1999 が IF 文，CASE 文，LOOP 文，WHILE 文，FOR 文などの制御文を有していないからである．では，どのようにしてこのような状況を打破するか．つまり，どのようにしてユーザにリレーショナル完備でかつ計算完備な**データベースプログラミング環境**を提供できるのか．これに対して SQL は 2 つのアプローチを用意している．

- 埋込み SQL
- SQL/PSM

■ 埋込み SQL

埋込み SQL（embedded SQL）は SQL が標準化された最初のバージョンである SQL-87 で規格化されている．当時は**ホストコンピューティング**が主流の時代であったから，FORTRAN，COBOL，Pascal，PL/I といった手続き型プログラミング言語で書かれたプログラムに SQL を "埋め込むこと" によって，リレーショナル完備でかつ計算完備なデータベースプログラミング環境を実現した．それが埋込み SQL である．SQL が埋め込まれたプログラムのことを "埋込み SQL 親プログラム" という．このプログラムの処理は，まず前置コンパイラ（pre-compiler）にかけ，それをプログラミングテキスト部と SQL テキスト部に分け，実行時には前者から後者に外部手続き呼出し（external procedure call）をかけることで行う．この様子を図 5.4 に示す．

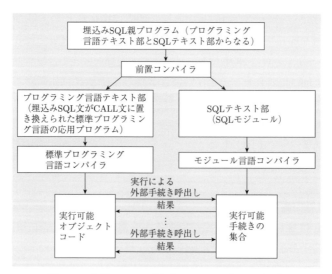

図 5.4 埋込み SQL 親プログラムの処理の概略

■ **SQL/PSM**

時代が進み 1990 年代に入ると**クライアント／サーバコンピューティング**が重用されるようになった．そのような環境では，データベースアクセスモジュールはいわゆるデータベースサーバに置かれて多数のクライアントの共有資源となる．このとき，もしそのモジュールが計算完備な言語で書かれていれば，クライアントは SQL にその機能をプラスすることで，結果的にリレーショナル完備でかつ計算完備なデータベースプログラミング環境を得られることになる．それが 1996 年に規格化され，SQL:1999 に組み込まれた **SQL/PSM**（SQL/Persistent Stored Module, 永続格納モジュール）である．SQL/PSM では制御文が規格化されている．

5.4 SQL と非ビジネスデータ処理

リレーショナルデータベースが普及するにつれて，ビジネスデータに加えて様々なデータをデータベースで管理・運用してほしいという要求が高まったことは 1.4 節で詳述した．これらのデータは一般に非ビジネスデータと呼ばれるが，そのような要求に応えるために SQL は改正され，SQL:1999 でオブジェクト指向拡張が，SQL:2003 と SQL:2006 で XML 拡張がなされた．本節では，その概要を記す．

■ **SQL のオブジェクト指向拡張**

エンジニアリングデータはビジネスデータと違い，一般に**部品展開構造を持つ複合オブジェクト**（compound object）であることに大きな特徴を有する．例えば航空機はエンジンと機体からなり，更に機体は胴体と翼からなるといった具合である．このようなデータをリレーショナルデータベースでも管理・運用できるようにと，SQL:1999 で **ROW 型**（row type, **行型**）という型構成子（type constructor）が導入された．ROW 型は ROW(フィールド$_1$, フィールド$_2$, ..., フィールド$_n$) と定義され，フィールドはフィールド名とフィールド型の組で，フィールド型がまた ROW 型を採ってよいので，部品展開が何段にもわたる複合オブジェクトを記述できる．更に，ROW 型を使って表現された複合オブジェクトの検索を可能とするために，SQL は**経路表現**（path expression）を使えるように拡張されている．

詳細は本章末のコラム「SQL のオブジェクト指向拡張」に記すので，興味を抱いた読者は参照されたい．

■ **SQL の XML 拡張**

XML データはビジネスデータと違い，例えば XML 文書が章-節の構造になっているとしても，実際は節を持つ章もあるが節を持たない章もあるかもしれないし，

ひょっとすると当初想定していなかった項を節の下に持つ文書が出現するかもしれないという具合に，あらかじめその構造を完全には決めれない，つまり**半構造デー****タ**（semi-structured data）であるという特性を有する．したがって，半構造データをリレーショナルデータベースに格納しようとした場合，いつまで経ってもリレーションの構造が決まらないことになる．これに対処するために，SQL は SQL:2003 と SQL:2006 で XML 拡張された．SQL は XML データから SQL データへの対応付けを規格化していないが，XML データがリレーショナルデータベースで管理されることで SQL で検索ができることとなった．加えて，その検索結果を XML 表現で得たいという要求に応えるために SQL/XML を規格化している．

詳細は本章末のコラム「SQL の XML 指向拡張」に記すので，興味を抱いた読者は参照されたい．

第 5 章の章末問題

問題 1　リレーション 学生(<u>学生名</u>, 大学名, 住所)，アルバイト(<u>学生名</u>, <u>会社名</u>, 給与)，会社(<u>会社名</u>, 所在地) があるとする（アンダーラインは主キーを表す）．次の問合せを SQL で書き下しなさい．
(問 1)　令和大生がアルバイトをしている会社名を求めなさい．
(問 2)　A 商事でアルバイトをしている学生名と大学名を求めなさい．
(問 3)　A 商事でアルバイトをしている令和大生の名前を求めなさい．
(問 4)　渋谷で給与が 50 以上のアルバイトをしている学生名を求めなさい．
(問 5)　アルバイト先と同じ所に住んでいる学生の学生名と住所を求めなさい．
問題 2　製品，それを製造している工場の状況，そして製品を保管している倉庫の在庫状況を表すリレーションをそれぞれ 製品(<u>製品番号</u>, 製品名, 単価)，工場(<u>工場番号</u>, <u>製品番号</u>, 生産量, 所在地)，在庫(<u>倉庫番号</u>, <u>製品番号</u>, 在庫量, 所在地) とする（アンダーラインは主キーを表す）．次の問合せを SQL で書き下しなさい．
(問 1)　単価が 100 以上である製品の製品番号と製品名を求めなさい．
(問 2)　パソコン（製品名）を生産している工場の工場番号と生産量を求めなさい．
(問 3)　札幌にある倉庫に在庫がある製品の製品名とそれを生産している工場番号を求めなさい．
問題 3　3 つのリレーション 給仕(<u>ワインバー名</u>, <u>ワイン銘柄</u>)，嗜好(<u>客名</u>, <u>ワイン銘柄</u>)，利用(<u>客名</u>, <u>ワインバー名</u>) からなるデータベースがあるとする（アンダーラインは主キーを表す）．最初のリレーションは，ワインバーがどのような銘柄のワインを給仕することができるか，次は客がどのような銘柄のワインを好むのか，最後は客がこれまで利用したワインバーの名前を示している．次の問に答えなさい．
(問 1)　小林しおりが好むワインを少なくとも 1 つ給仕することのできるワインバーの

名前を重複なく全て求める問合せを SQL で書き下しなさい.

(問 2) 小林しおりが好むワインを全て給仕することのできるワインバーの名前を全て求める質問文をリレーショナル代数表現で示しなさい.

(問 3) 利用客が好むワインを少なくとも 1 つ給仕できたワインバーの名前を重複を許して求める問合せを SQL で書き下しなさい(**ヒント**:相関名を使った入れ子型の SQL 文を考えると見通しがよい).

問題 4 次の SQL 文は, 和, 差, 直積, 射影, 選択のリレーショナル代数演算のうち, どの演算の組合せで表現されるのか, (ア)〜(エ)のうち適切なものはどれか答えなさい. このとき, この問合せに相当するリレーショナル代数表現も併せて示しなさい. ここに, リレーションは 納品(商品番号, 顧客番号, 納品数量), 顧客(顧客番号, 顧客名), アンダーラインは主キーを表す.

SELECT 納品.顧客番号, 顧客.顧客名

FROM 納品, 顧客

WHERE 納品.顧客番号=顧客.顧客番号

(ア) 差, 選択, 射影

(イ) 差, 直積, 選択

(ウ) 直積, 選択, 射影

(エ) 和, 直積, 射影

コラム **SQL のオブジェクト指向拡張**

エンジニアリングデータはビジネスデータと違い一般に部品展開構造を持つ複合オブジェクト(compound object)であることに大きな特徴を有する. 例えば航空機はエンジンと機体からなり, 更に機体は胴体と翼からなるといった具合である. このようなデータを従来のリレーショナルデータベースで管理・運用しようとすると, いわゆる**部品表**(bill of materials, BOM)に基づき, 親部品と子部品の関係を 2 項テーブルに格納していくことになる. このように構築されたリレーショナルデータベースに対して, 航空機の部品を全て求めたいなどという質問を発すると, 2 項テーブルの結合(join)を何段にもわたりとらないといけないから, 効率よくその処理を行えるとは考えづらい(部品の数は, 自動車で数万点, 航空機で数百万点といわれている).

オブジェクト指向データモデルではこのような部品展開構造は **IS-PART-OF** 関係を使って記述されるが(例えば, エンジン is a part of 航空機), SQL でもこの関係をサポートするために SQL:1999 の改正で, **ROW** 型(row type, 行型)という型構成子(type constructor)が導入された. 上記の航空機を例にして見てみる.

まず, 航空機の部品展開構造を図 5.5 に示す(分かり易さのため展開をエンジン, 胴

図 5.5 航空機の部品展開構造(一部)

体，翼までに留めた）．

この図で示された航空機の部品展開構造を ROW 型を使って定義すると次のように
なる．

> CREATE TABLE 航空機(航空機番号 INTEGER, 部品 ROW(エンジン番号
> INTEGER, 機体 ROW(機体番号 INTEGER, 部品 ROW(胴体番号 INTEGER,
> 翼番号 INTEGER))))

ROW 型は ROW(フィールド$_1$, フィールド$_2$, ..., フィールド$_n$) と定義され，フィー
ルドはフィールド名とフィールド型の組で，フィールド型がまた ROW 型を採ってよ
いので，部品展開が何段にもわたる複合オブジェクトが記述できる．

ただし注意するべきことがある．このように複合オブジェクトは ROW 型を用いて
テーブル表現できるが，そのテーブルは第 1 正規形ではなく，リレーショナルデータ
モデルでは許されなかった**非第 1 正規形**となっているという点である．その様子を
テーブル航空機を例として，図 5.6 に示す．

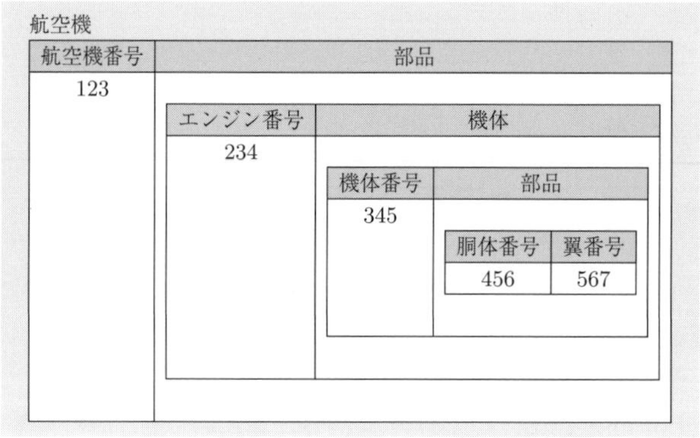

図 5.6   テーブル航空機は非第 1 正規形

つまり，複合オブジェクトは ROW 型を用いてテーブル表現可能となったが，上記
のようにテーブルはテーブルにテーブルが入れ子になった構造をしているので，従
来の SQL では問合せを記述できない．そのために SQL:1999 では**経路表現**（path
expression）を使えるように拡張されている．例えば，航空機番号 = 123 の胴体番号
を検索する SELECT 文は次のようである．ここに，X.部品.機体.部品.胴体番号が経
路表現である．

> SELECT X.部品.機体.部品.胴体番号
> FROM   航空機 X
> WHERE X.航空機番号 = 123

SQL:1999 では ROW 型に加えて，ユーザ定義型が導入されオブジェクト指向に特
有のメソッド（method）やサブタイプ（subtype）を定義できる枠組みも規格化され
ている．

なお，いうまでもないことかもしれないが，ROW 型を規格化したことで複合オブ
ジェクトをリレーショナルデータベースで管理・運用することが可能とはなったが，

所詮その処理はリレーショナル DBMS が行っている．したがって，オブジェクト指向に特化したいわゆるネイティブ（native）オブジェクト指向データベースシステムにその処理効率は叶わない．**ネイティブオブジェクト指向 DBMS** は 1980 年代から 1990 年代にわたって盛んに開発されたが，全世界を席巻するリレーショナルデータベースには勝てなかったという経緯がある．

コラム　SQL の XML 拡張

　ビジネスデータと違い，XML データは，例えば XML 文書が章-節の構造になっているとしても，実際は節を持つ章もあるが節を持たない章もあるかもしれないし，ひょっとすると当初想定していなかった項を節の下に持つ文書が出現するかもしれない．そのような意味で XML データは半構造（semi-structured）であるという特徴を有する．このような半構造データをリレーションに格納しようとすると，いつまで経ってもリレーションの構造が決まらない（例えば属性が決まらない）という問題に直面してしまう．リレーショナルデータベースではいったん決めたリレーションの構造を変更することを**スキーマ進化**（schema evolution）というが，これは変更に伴うデータの移行などが容易ではなく，運用上問題となる．オブジェクト指向の場合と同じく，1990 年代には**ネイティブ XML DBMS** が開発されたが，XML データも SQL で管理・運用したいという現場の声に押されて，SQL は SQL:2003，SQL:2006 と改正され XML 拡張された．

　では，どのようにして半構造の XML データを構造化されているリレーショナルデータベースに格納しようとするのかそれを見てみるが，SQL では XML データから SQL データへの対応付けを規格化していない．その理由は，XML 文書で表現されていた情報が変換の際に失われてしまう場合があり，全ての変換が情報を失うことなく，うまくいく訳ではないからである．そこら辺の事情を勘案しつつ，ごく簡単な変換例を示す．

【例題】　蔵書 2 冊を有する図書館の XML 文書をリレーショナルデータベースに変換してみる．

```
01.   <?xml version="1.0" encoding="UTF-8"?>
02.   <library>
03.     <book>
04.       <title>データベース入門</title>
05.       <author>増永良文</author>
06.     </book>
07.     <book>
08.       <title>コンピュータに問い合せる</title>
09.       <author>増永良文</author>
10.     </book>
11.   </library>
```

この XML 文書をリレーショナルデータベースに格納するために下に示すテーブルを
定義することはごく普通に考えられる.

library

title	author
データベース入門	増永良文
コンピュータに問い合せる	増永良文

しかし, ここで注意するべきは, <book> という要素 (element) が XML 文書では
定義されていたのに, テーブル library では現れていないことである. このことを解
決するために, title ではなく book.title, author ではなく book.author とすればよ
いのではないかと考えるかもしれないが, それはあくまで便法であって変換規則では
ない. XML データをテーブルに変換する際に情報が欠落してしまうとはこのような
ことをいうのである. 変換の困難さに更に言及すれば, 例えば, 上記の XML 文書で
09 行が次のように書かれていた場合, 変換はどうしたらよいのであろうか? 05 行で
は <author>増永良文</author> であったから, 悶々とするのではなかろうか.

```
09.        <author>
10.          <first>良文</first>
11.          <last>増永</last>
12.        </author>
```

　先に, SQL では XML データから SQL データへの対応付けを規格化していないと
記した. SQL 規格にその理由の記載はないが, 考えてみるに, もし半構造データであ
る XML データが構造化データの典型であるテーブル表現に常に変換可能であるなら
ば, 最早 XML データは半構造ではなく構造化データでしょうということになるから,
一般に情報の欠落なく XML データをリレーショナルデータベースに変換しようとい
うことは所詮無理と考えるのが妥当と考えられる.

　ただ, XML データがリレーショナルデータベースで管理されれば SQL で検索がで
きることとなり, リレーショナルデータベースユーザにとっては有難い. その場合,
元データは XML なので SQL の検索結果を XML 表現で得たいという要求が発生す
るだろう. そのために **SQL/XML** が規格化されている.

　さて, SQL 標準化の過程でどのような議論があったのか筆者には知る由もないが,
SQL:2003 で **XML 型**がデータ型として規格化されている. それにより, テーブルの
XML 型の列に XML 文書をそのまま格納することができる. したがって, リレーショ
ナルデータベースシステムがあたかもネイティブ XML データベースシステムである
かのように格納された XML データをダイレクトに処理できることとなる. これによ
り, (上記の) データ変換の問題を避けることができ, 現在, 幾つかのリレーショナル
DBMS がこの手法で XML データをサポートしている.

第6章
リレーショナルデータベース設計

　リレーショナルデータベースを設計するとは，結局はデータベース化の対象となった実世界をいかに的確にリレーション群に写し込むかである．そのためには，まず実世界の構造と意味を的確に把握・表現することが必要で，続いてその記述に基づいてリレーショナルデータベーススキーマを定義することになる．

　この最初の段階を実世界の概念モデリングというが，この方法には古くから実体–関連モデル（entity-relationship model，ER モデル）が使われてきた．近年，オブジェクト指向技術に基づいた UML（Unified Modeling Language）を用いたツールも多数出回っているが，それらの基礎も実体–関連モデルにある．本章では実体–関連モデルを用いたリレーショナルデータベース設計について概観する．

6.1　実世界の概念モデリング

　さて，データベース構築がどのように行われるかについては，必ずしも世の中で共通理解ができ上がっているとは思えないので，それを示すことから始める．図 6.1に実世界のデータモデリングの概念を示す．この図が表しているポイントは，データベース構築，つまり実世界のデータベース化は 2 段階で行われるということである．

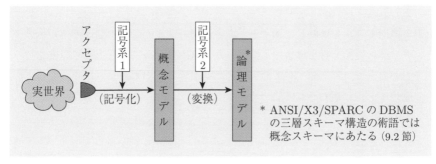

図 6.1　実世界のデータモデリング

■ 概念モデル

まず，第 1 段階はデータベース化の対象となった実世界の構造と意味が認識され，ある記号系（記号系 1 と記されている）を用いて記述される．その結果，**概念モデル**（conceptual model）が得られる．そのためには実世界を認識することのできる**アクセプタ**（acceptor）が必要である．これはデータベースデザイナかもしれないし，測定器や感知器（sensor），あるいは地図等をコンピュータに読み込む入力装置と特徴抽出プログラムかもしれない．この段階で必要な記号系 1 は，とにかく概念把握された実世界の構造と意味を記述できるものなら何でもよい．次節で述べる実体–関連モデルはそのような記号系の典型例である．

■ 論理モデル

さて，概念モデルは必ずしも DBMS で管理可能な表現になっているとは限らない．したがって一般に，それを実装可能な表現にモデル変換することが必要である．この結果，実世界の**論理モデル**（logical model，論理表現モデル（logical representation model）というも可）ができ上がる．これはデータベース管理システムの標準アーキテクチャを定めた ANSI/X3/SPARC の術語では**概念スキーマ**（conceptual schema）と呼ばれているものである（第 9 章で詳しく論じる）．現在，論理モデルを記述するために使われている記号系（図 6.1 の記号系 2）として，ネットワークデータモデル，ハイアラキカルデータモデル，リレーショナルデータモデル，オブジェクト指向データモデル，XML データモデルが知られていることは本書冒頭で述べた．

ここで，なぜ実世界から直接論理モデルを記述しないで概念モデルを記述するか，もう一度考えておきたい．理由は大別すると 2 つある．

(1)　論理モデルの仔細に振り回されることなく，実世界の構造と意味を的確に捉えられる．

(2)　概念モデルを構築しておくと，ある論理モデルから別の論理モデルへのデータベース変換を行う場合でも，いったん概念モデルに立ち返って変換を行うことができて，データベースのチューニング等の理由で分かりにくくなっている論理モデルに煩わされることがない．

この様子を図 6.2 に示す．

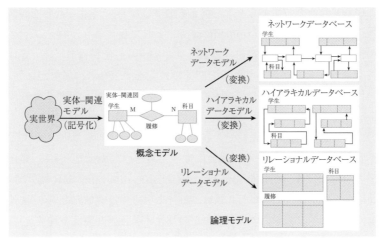

図 6.2 概念モデルの役割

6.2 実体–関連モデル

　概念モデル記述のための記号系としてよく知られているものに，**実体–関連モデ
ル**（entity-relationship model，**ER モデル**）がある．近年，オブジェクト指向の
実世界モデリング言語である **UML**（Unified Modeling Language）が用いられる
ことも多いが，その考え方の基本は実体–関連モデルにある．

　実体–関連モデルは 1976 年にチェン（P. Chen）により提案されたが，提案当初，
コッドの提案したリレーショナルデータモデルとの違いが十分に認識されず，リレー
ショナルデータモデルに対抗するモデルの提案と受け止められ，一時騒然となった．
しかし，程なく，実体–関連モデルは概念モデル記述のためのモデルであり，論理モ
デルを記述するためのリレーショナルデータモデルとは異なる意義を持つことが理
解されて問題は鎮静化した．しかし，この間の苦悩は並大抵ではなかったことを，
チェンは筆者に語ったことがある．

　さて，実体–関連モデルは基本的に実世界は**実体**（entity）と実体間の**関連**（rela-
tionship）で成り立っていると認識することから始まった．実体は実世界の様々な
事物を表すが，実体–関連モデルでは**実体型**（entity type）として認識する．つま
り，実体を個々の実体として認識しようとするのではなくて，総体として捉えよう
ということである．例えば，学生を認識するときに，学生の A 君，B さんという認
識をするのではなくて，A 君，B さんらをひっくるめて，抽象的に "学生" という
捉え方をしよう，ということである．関連も同じで，例えば，学生の A 君がデータ

ベースという科目をとっているなどと捉えるのではなく，"学生が科目を履修してい
る"という具合に**関連型**（relationship type）として捉えようということである[1]．
実体型や関連型はそれらを特徴付ける**属性**（attribute）を持ってよい．実体型は通
常四角で表され，名前が付与される．関連型は菱形で表され，名前が付与される．
属性は楕円で表され，名前が付く．ただし，実体型に付属する属性のうち，**主キー**
（primary key）を構成するものにアンダーラインを引き，他と区別する．ここに主
キーとは，その実体を唯一に識別できる極小の属性集合，勿論単一の属性でもよい，
をいう．例えば，学生型の主キーは学籍番号であろう．実世界を実体–関連モデル
で表現した結果が**実体–関連図**（entity-relationship diagram，**ER 図**）である．

図 6.3 に，学生が科目を履修し，教員が科目を担当する実世界を実体–関連モデル
で表現した例を示す．通常，学生と学生が履修する科目の関連は多対多（M 対 N），
もし一人の教員は一般に幾つかの科目を担当するが，ひとつの科目は一人の教員によ
り担当されるならば教員と科目との関連は 1 対多（1 対 N）になるので，この ER 図
にはそのことも記されていることに注意する．この対応関係を把握しておくことは，
実体–関連図をリレーショナルデータベーススキーマへ変換するときに必要となる．

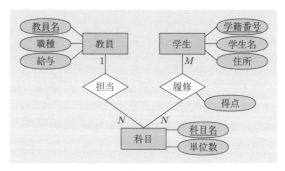

図 6.3　実体–関連図の一例

さて，実体型 E_L と実体型 E_R 間の関連型 R には実体間の対応関係から分類し
て，次の 4 種がある．

(a)　**1 対 1 関連型**　　　　　　　　(c)　**多対 1 関連型**

(b)　**1 対多関連型**　　　　　　　　(d)　**多対多関連型**

ここで，関連型の主キーは一体どのように定義されるのか論じておく．このために，
主キー K，その他の属性 $A_1, A_2, \cdots, A_p$ を有する実体型を $E_L(\underline{K}, A_1, A_2, \cdots, A_p)$，

---

[1] 実体と実体型，あるいは関連と関連型の関係は，リレーションとリレーションスキーマの関係
　と類似している．

主キー H, その他の属性 $B_1, B_2, \cdots, B_q$ を有する実体型を $E_R(\underline{H}, B_1, B_2, \cdots, B_q)$, そして E_L と E_R 間の関連型を $R(C_1, C_2, \cdots, C_r)$ とする（ここに $C_1, C_2, \cdots, C_r$ は R の属性）.

このとき R の主キーは次のように定義される.

(a) R が 1 対 1 のとき, その主キーは K でも H でもよい.

(b) R が 1 対多のとき, その主キーは H である.

(c) R が多対 1 のとき, その主キーは K である.

(d) R が多対多のとき, その主キーは和集合 $K \cup H$ である.

例えば, 図 6.3 の関連型 担当 の主キーは科目名であり, 関連型 履修 の主キーは {学籍番号, 科目名} である. この議論は, 引き続き 6.4 節で実体–関連図からリレーショナルデータベーススキーマを生成する際に必要となる.

一般に実体間の関連は 2 項（binary）に限らず, 多項であっても理論上は構わないが, 実際には関連型は "2 つ" の実体型間で定義して使われる場合が多い.

なお, 同じ実世界でも, 捉え方によりでき上がる実体–関連図は異なってくる. 一意でなければならぬ必要はない. 例えば, 不動産会社において, 顧客と物件の間に契約という関連があると捉えることができる. これが普通かもしれないが, 契約こそ "実体" と捉えたいというならそれも大いに意味のあることで, 顧客と契約との間に契約者, 物件と契約の間に契約物件という関連が入ることになる. 何れの認識も認められるべきである. 要は, データベース設計者が実世界をどう捉えたかである. この様子を図 6.4 に示す.

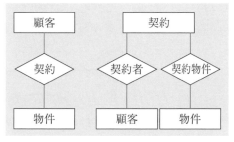

図 6.4 実体–関連モデルの表現の多様性

6.3　弱実体型と実体–関連モデルの拡張

　本節では2つのことを述べる．最初に弱実体型，続いて実体–関連モデルの拡張——拡張型実体関連モデル——である．

弱実体型

　前節で導入した "実体型" ではモデル化できない実体がある．典型的な例は，会社が社員を社員番号を与えて実体として捉えるのは一向に構わないが，社員が扶養している "子" をモデル化するのに，社員と同格の実体として捉えるのか，という問題がある．確かに，子は社員ではないので，同格とは捉えづらい．このとき，子を弱実体型として捉えて問題解決をはかる．どういうことか．

　子は社員ではないが，子は社員の子であるから，社員と組になって一意に同定されれば十分であると考える．具体的には実体型 子 の属性としては 名 と 生年月日 を与える．しかし，それでは実体型 子 に主キーは定義できない（一般に同じ名（first name）と生年月日を持った子供が複数人いる可能性があるから）．このように，実体型単独では主キーを持てない実体型のことを**弱実体型**（weak entity type）という．弱実体型と組になり，弱実体型に一意識別能力を与える実体型を**所有実体型**（owner entity type）という．更に，実体型 社員 と弱実体型 子 の間に "社員は子を扶養する" という関連，これを**識別関連型**（identifying relationship type，**ID 関連型**）という，を張って，それを明示する．図 6.5 に示したように，ID 関連型は2重の菱形で表す．弱実体型は2重の四角で表す．ID 関連型には属性は持たせず，必要な属性は弱実体型で定義する．

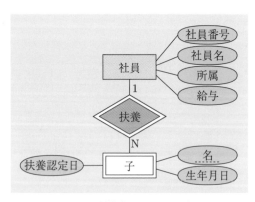

図 6.5　弱実体型と ID 関連型

さて，一般に社員は N 人（$N \geq 0$）の子を持つかもしれないから，社員と子の ID 関連は 1 対多となる．しかし，実体型 子 が弱実体型なので，ID 関連型 扶養 の主キーは先述の規則では定まらない．弱実体型の属性（集合）であって，その所有実体型の主キーと対となり，初めて弱実体型を唯一に識別できる属性（集合）を **部分キー**（partial key）という．例えば，図 6.5 の例では弱実体型 子 の属性 "名" がそうであり（自分の異なる子供に同じ名前を付けることはないであろう），それを破線のアンダーラインで示してある．その結果，ID 関連型 扶養 の主キーは {社員番号, 名} となる．

■ 拡張型実体–関連モデル

実世界には概念階層（conceptual hierarchy）がある．例えば，教員は人であり，学生も人である．このことをどう表すかと考えると，**汎化**（generalization）の概念を表現できる要素を実体–関連モデルに導入することが求められるであろう．逆に社員という実体型が定義されているときに，特定の社員，例えば営業部員とか開発部員とかを定義したくなるかもしれない．そうすると，社員型の **特殊化**（specialization）として，営業部員型とか開発部員型を定義したいだろう．この汎化と特殊化の関係は丁度逆の関係にあり，オブジェクト指向パラダイムで知られている **ISA 関連**（is-a relationship）を導入すると記述できる．このようにして **拡張型実体–関連モデル**（extended ER model）が定義できる．その様子を図 6.6 に示す．そこでは "教員 is-a 人"，"学生 is-a 人" という関連が表示されている．

ISA 関連で関連付けられた 2 つの実体型の間には，いわゆる属性の **継承**（inheritance）が行われる．例えば，図 6.6 の場合，人は一般に氏名，住所，生年月日や性別という属性を持つであろうから，それらの属性は実体型 人 で定義される．すると実体型 人 の特殊化として定義された実体型 教員 や 学生 には，それらの属性が

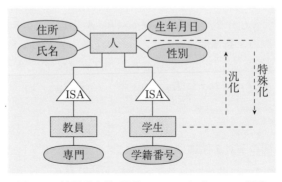

図 6.6　拡張型実体–関連モデルにおける ISA 関連

ISA 関連を伝って継承されるので，そこでは定義する必要はない．したがって，実体型 教員 や 学生 では 氏名，住所，生年月日，性別 という属性以外で，それらの実体型を特徴付ける属性，例えば実体型 教員 では "専門" という属性，実体型 学生 では "学籍番号" といった属性を明示的に定義すればよい．

6.4 実体–関連図のリレーショナルデータベーススキーマへの変換

6.1 節で実世界のデータモデリングは，最初に概念モデルを生成し，続いてそれを論理モデルに変換する 2 段階のプロセスであることを述べた．また 6.2 及び 6.3 節で概念モデルを記述するための実体–関連モデルを説明した．本節では，この実世界のデータモデリングの第 1 段階で得られた実体–関連図を 3.4 節で述べたリレーショナルデータベーススキーマに変換する方法を示し，データモデリングの全貌を明らかにする．

■ 変換ルール

(1) $E(\underline{K}, A_1, A_2, \cdots, A_m)$ を実体型とする．ここに K は E の主キーとする．このとき，E はリレーションスキーマ $\boldsymbol{R_E}(\underline{K}, A_1, A_2, \cdots, A_m)$ に変換される．K が $\boldsymbol{R_E}$ の主キーとなる．

(2) $R(C_1, C_2, \cdots, C_p)$ を 2 つの実体型 $E_L(\underline{K}, A_1, A_2, \cdots, A_m)$ と $E_R(\underline{H}, B_1, B_2, \cdots, B_n)$ 間の **1 対 1 関連型** とする．このとき，R はリレーションスキーマ $\boldsymbol{R_R}(\underline{K}, H, C_1, C_2, \cdots, C_p)$ あるいは $\boldsymbol{R'_R}(K, \underline{H}, C_1, C_2, \cdots, C_p)$ に変換される．K あるいは H がそれぞれ $\boldsymbol{R_R}$ あるいは $\boldsymbol{R'_R}$ の主キーとなる．このとき，$\boldsymbol{R_R}$ および $\boldsymbol{R'_R}$ の K と H はそれぞれ $\boldsymbol{R_{E_L}}$ と $\boldsymbol{R_{E_R}}$ の主キー K と H の外部キーとなる（外部キーの定義は 3.2 節）．

(3) $R(C_1, C_2, \cdots, C_p)$ を 2 つの実体型 $E_L(\underline{K}, A_1, A_2, \cdots, A_m)$ と $E_R(\underline{H}, B_1, B_2, \cdots, B_n)$ 間の **1 対多関連型** とする．このとき，R はリレーションスキーマ $\boldsymbol{R_R}(K, \underline{H}, C_1, C_2, \cdots, C_p)$ に変換される．H が $\boldsymbol{R_R}$ の主キーとなる．このとき，$\boldsymbol{R_R}$ の K と H はそれぞれ $\boldsymbol{R_{E_L}}$ の主キー K と $\boldsymbol{R_{E_R}}$ の主キー H の外部キーとなる．

(4) $R(C_1, C_2, \cdots, C_p)$ を 2 つの実体型 $E_L(\underline{K}, A_1, A_2, \cdots, A_m)$ と $E_R(\underline{H}, B_1, B_2, \cdots, B_n)$ 間の **多対 1 関連型** とする．このとき，R はリレーションスキーマ $\boldsymbol{R_R}(\underline{K}, H, C_1, C_2, \cdots, C_p)$ に変換される．K が $\boldsymbol{R_R}$ の主キーとなる．このとき，$\boldsymbol{R_R}$ の K と H はそれぞれ $\boldsymbol{R_{E_L}}$ の主キー K と $\boldsymbol{R_{E_R}}$ の主キー H の外部キー

となる.

(5)　$R(C_1, C_2, \cdots, C_p)$ を 2 つの実体型と $E_L(\underline{K}, A_1, A_2, \cdots, A_m)$ と $E_R(\underline{H}, B_1, B_2, \cdots, B_n)$ の間の**多対多関連型**とする. このとき, R はリレーションスキーマ $\boldsymbol{R_R}(\underline{K}, \underline{H}, C_1, C_2, \cdots, C_p)$ に変換される. $\{K, H\}$ が $\boldsymbol{R_R}$ の主キーとなる. このとき, $\boldsymbol{R_R}$ の K と H はそれぞれ $\boldsymbol{R_{E_L}}$ の主キー K と $\boldsymbol{R_{E_R}}$ の主キー H の外部キーとなる.

(6)　$E(\underline{P}, D_1, D_2, \cdots, D_q)$ を弱実体型とし（P を部分キーとする）, その所有実体型を $E_{\text{owner}}(\underline{K}, A_1, A_2, \cdots, A_m)$ とする. このとき, E はリレーションスキーマ $\boldsymbol{R_E}(\underline{K}, \underline{P}, D_1, D_2, \cdots, D_q)$ に変換される. $\{K, P\}$ が $\boldsymbol{R_E}$ の主キーとなる. このとき, $\boldsymbol{R_E}$ の K は $\boldsymbol{R_{E_{\text{owner}}}}$ の主キー K の外部キーとなる.

なお, ID 関連型のリレーションスキーマの主キーは, 所有実体型の主キーと弱実体型の部分キーの対となること, 及び ID 関連型には属性を持たせないことから, ID 関連型のリレーションスキーマはその弱実体型のリレーションスキーマの一部となるので, ID 関連型は変換不要である.

図 6.7 に変換の具体例を示す. この例では, 関連型は多対多関連型なので上記 (5) が適用されている.

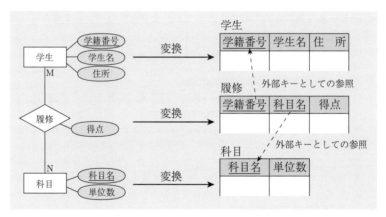

図 **6.7**　実体‒関連図をリレーショナルデータベーススキーマに変換する具体例

なお, 上記の変換ででき上がったリレーションは, いわゆる "**第 1 正規形**" の条件を満しているリレーションにしかすぎず, リレーショナルデータベース設計の立場からいえば, まずお膳立てが調ったという状況である. きちんとしたリレーショナルデータベースを得るためには, 高次の正規化が必要となろう（第 7, 8 章）.

第6章の章末問題

問題1 データベース構築に関する次の文章の空欄 (ア)～(オ) を埋めなさい.

　データベースを構築するには, まずデータベース化の対象となった実世界の構造と意味を的確に把握して (ア) を構築する. その目的のためによく知られている基本的な記号系に (イ) がある. これを用いて実世界を記述すると (ウ) ができ上がる. しかし, これがそのままデータベースとなる訳ではなく, (エ) への変換が必要である. これを記述するための記号系を (オ) という.

問題2 下に示す実体–関連図が表す実世界をリレーショナルデータベースで表しなさい. このとき, 定義されるリレーションスキーマを $R(\underline{A}, \underline{B}, C, \cdots, D)$ という具合に示しなさい. ここに, $\underline{A}, \underline{B}$ は $\{A, B\}$ が R の主キーであることを表す.
　また, でき上がったリレーショナルデータベースに外部キーが存在すれば示しなさい.

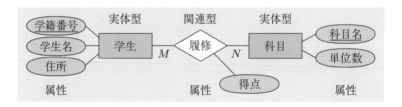

問題3 読者の身の回りから実世界を選択して, それをリレーショナルデータベースで表現することを考える. 次の問に答えなさい.

(問1) 選択した実世界を実体–関連モデルを用いて表現しなさい. その際, 次の記述と説明を含めなさい.
- (1) 各構成要素が実体型か関連型か.
- (2) 各構成要素が属性や主キーを持てばそれらを示し, その適当な説明.
- (3) 関連型は何対何対応か, 及びその理由.

(問2) 実体–関連図をリレーショナルデータベーススキーマに変換する方法を述べなさい.

(問3) (問1) で示した実体–関連図を (問2) の方法で, リレーショナルデータベーススキーマに変換しなさい. その際, 下記に留意すること.
- (1) 各リレーションスキーマの名称, それを構成する属性名, 及びドメイン名の記述と説明を含めること.
- (2) 各リレーションスキーマの主キーを構成する属性名にアンダーライン (実線) を引いて示すこと.
- (3) 外部キーが存在するリレーションスキーマがあれば, 外部キーを構成する属性名にアンダーライン (破線) を引いて示すこと. また外部キーから参照される主キーへの矢印を示すこと.

第7章
正規化理論
──更新時異状と情報無損失分解──

　リレーションは第1正規形でなければならぬといった．それでよいのか．実は，リレーションは第1正規形の条件を満たしているだけでは，実に様々な異状（anomaly）がリレーションを更新しようとしたときに発生する．このような異状を解消しようとすると，第2正規形，第3正規形，…と高次の正規化を必要とする．この理論を展開するには2つの事柄を理解する必要がある．ひとつは，リレーションの情報無損失分解の理論である．もうひとつは，リレーションの高次の正規化の理論である．前者を本章で，後者を次章で論じる．

7.1　更新時異状の発生

　リレーションが第1正規形であるだけでは，そのリレーションに**更新時異状**（update anomaly）が発生する．それを例をあげて説明することから始める．

　電化製品を扱っている問屋が顧客からの注文状況をデータベース化するにあたり，図7.1 に示すリレーション 注文 を作成したとする．明らかに表示のリレーションは第1正規形である．このとき，同一商品の単価が顧客によって異なること（すなわち同一商品の値引率が顧客により異なること）はないとすると，{顧客名, 商品名}なる属性集合が主キーである（主キーであることの証明は7.4節末で与える）．したがって，**キー制約**により，顧客名や商品名が**空**（null）であるタップルはこのリレーションに存在できない．

　では，このリレーション 注文 のどこにどのような問題があるのか？

注文

顧客名	商品名	数量	単価	金額
A商店	テレビ	3	198,000	594,000
Bマート	テレビ	10	198,000	1,980,000
Bマート	洗濯機	5	59,800	299,000
C社	餅つき機	1	29,800	29,800

属性名のアンダーラインは
主キーを構成する属性を表す

図 7.1　リレーション 注文

そこで，更新時異状を次の 3 つの場合に分けて考察してみよう．

(a)　タップル挿入時異状

(b)　タップル削除時異状

(c)　タップル修正時異状

■ タップル挿入時異状

いま，新商品 電子レンジ（単価 74,800）が現れたとする．このデータをリレーション 注文 に格納したいとしよう．このためには次に示すタップルをリレーション 注文 に挿入してやればよいと考えるかもしれない．

　　　　（—, 電子レンジ, —, 74,800, —）

ここに，— は空を表す．しかし，このタップルはリレーション 注文 のキー制約に明らかに抵触するので挿入できない．これを**タップル挿入時異状**という．

■ タップル削除時異状

いま，C 社から，餅つき機の注文が取り消されたとする．したがって，リレーション 注文 から次のタップルが削除される．

　　　　（C 社, 餅つき機, 1, 29,800, 29,800）

ところで，C 社以外の顧客からは餅つき機の注文はなかった，つまり，リレーション 注文 で商品名が餅つき機のタップルは上記のタップルのみであったとする（図 7.1 の状況はこのような場合に相当）．すると，明らかに，このタップルの削除により，(餅つき機, 29,800) のデータは失われてしまう．このデータを保持するために，リレーション 注文 からタップル

　　　　（C 社, 餅つき機, 1, 29,800, 29,800）

を削除したあと，

　　　　（—, 餅つき機, —, 29,800, —）

を挿入することはこれまたキー制約に抵触するから許されない．したがって，(餅つき機, 29,800) なるデータを残すすべがない．これを**タップル削除時異状**という．

■ タップル修正時異状

次に示す 2 種類の異状が観察される．

(1)　いま，テレビの単価は，セール期間中だったので，198,000 でなくて 148,000 であったことが分かったとしよう．したがって，リレーション 注文 でしかるべき修正を行わなくてはならない．この修正はリレーション 注文 の第 1 番目に現れているタップル

　　　　（A 商店, テレビ, 3, 198,000, 594,000）

を

(A 商店, テレビ, 3, 148,000, 444,000)

と修正しただけでは済まず，第 2 番目のタップル

(B マート, テレビ, 10, 198,000, 1,980,000)

も同様に修正しなければならない．このように実世界ではテレビの単価が変更になったという単一の事象が発生しただけなのに，リレーションの何本ものタップルを修正しなければならない．

(2) C 社からの餅つき機の注文が，餅つき機ではなく洗濯機に修正されたとする．すると，餅つき機の単価が 29,800 であるというデータが失われるが，このデータをリレーション 注文 に残すすべはない．

これらを**タップル修正時異状**という．

7.2 情報無損失分解

賢明な読者は直観されていると思うが，前述の異状は，実は 2 つの異なった事象がひとつの注文というリレーションに一緒に格納されているから発生したのである（このことを one fact in one relation のポリシーに抵触しているという）．つまり，本来，どの顧客がどの商品を何個注文したかということと，ある商品がいくらするかということは切り離して捉え得ることであるのに，これら 2 つの事象のデータをひとつのリレーション 注文 に混在して格納してしまっている．

そこで，結果から示せば，図 7.1 のリレーション 注文 を図 7.2 に示す 2 つのリレーションに分解すると異状は解消する．すなわち，ひとつはリレーション 注文 の属性集合 {顧客名, 商品名, 数量, 金額} 上の射影（projection）であり，もうひとつはリレーション 注文 の属性集合 {商品名, 単価} 上の射影である．リレーション 注文 の代わりに，その 2 つの射影，注文 [顧客名, 商品名, 数量, 金額] と注文 [商品名, 単価] を持つことで，前節で指摘した異状は発生しなくなる（読者はこのことを確かめよ）．

さて，ここで大事なことは，上記のリレーションの分解（decomposition）で，リレーション 注文 が持っていた情報はいささかなりとも失われていないということである．すなわち，リレーション 注文 の 2 つの射影，注文 [顧客名, 商品名, 数量, 金額] と注文 [商品名, 単価] を**自然結合演算**で結合すると，リレーション 注文 がそのまま復元できる．リレーショナル代数表現でこのことを確認すれば，次式が成立

注文

顧客名	商品名	数量	単価	金額
A商店	テレビ	3	198,000	594,000
Bマート	テレビ	10	198,000	1,980,000
Bマート	洗濯機	5	59,800	299,000
C社	餅つき機	1	29,800	29,800

属性名のアンダーラインは主キーを構成する属性を表す

リレーション 注文（図7.1）

分解

{顧客名, 商品名, 数量, 金額}上の射影　　　　{商品名, 単価}上の射影

注文[顧客名, 商品名, 数量, 金額]

顧客名	商品名	数量	金額
A商店	テレビ	3	594,000
Bマート	テレビ	10	1,980,000
Bマート	洗濯機	5	299,000
C社	餅つき機	1	29,800

注文[商品名, 単価]

商品名	単価
テレビ	198,000
洗濯機	59,800
餅つき機	29,800

図 7.2　リレーション 注文 の分解

している．ここに，＊は自然結合演算である．

注文 ＝ 注文 [顧客名, 商品名, 数量, 金額] ＊ 注文 [商品名, 単価]

【定義】（情報無損失分解）

　リレーションスキーマ $R(X, Y, Z)$，ここに X，Y，Z は互いに素な属性集合とする，を 2 つの射影，$R[X, Y]$ と $R[X, Z]$ に分解したとき，$R = R[X, Y] * R[X, Z]$ が成立するならば，この分解を**情報無損失分解**（information lossless decomposition）という．

　一点注意しておきたいことは，この性質はインスタンスとしてのリレーションに対していっているのではなく，リレーションスキーマに対して成立すべき性質をいっていることである（2.3 節）．つまり，上の例では，たまたま現時点でのリレーション 注文 でその 2 つの射影の自然結合をとったらもとのリレーションが戻ったというのではなく，未来永劫，リレーションスキーマ 注文 のいかなるインスタンス 注文 においてもその性質が成り立つということをいっているのである．

　では，そのようなスキーマレベルの性質としての情報無損失分解は一体いかなる条件のもとで成立するのであろうか．本節後半ではそれをフォーマルに論じよう．

【定理】（情報無損失分解）

　リレーションスキーマ $R(X, Y, Z)$，ここに X，Y，Z は互いに素な属性集合とする，を 2 つの射影，$R[X, Y]$ と $R[X, Z]$ に分解したとき，$R = R[X, Y] * R[X, Z]$ が成立するための必要かつ十分条件は次が成立すること．

　R の任意のインスタンス R に対して，$t[X] = t'[X]$ を満たす R の任意の 2 タプル t と t' につき，それらから構成される次の 2 タプル w と w' がまた R のタプルであること．ここに，

$$w = (t[X, Y], t'[Z])$$
$$w' = (t'[X, Y], t[Z])$$

　（略証）$R[X, Y]$ と $R[X, Z]$ の自然結合をとるということは，タプルレベルでは $t[X] = t'[X]$ を満たす R の任意の 2 タプル t と t' に対して w と w' を作るということであるから，情報無損失であるためには w と w' がまた R のタプルであることが必要かつ十分になる．　　　　　　　　　　　　　　■

【定義】（多値従属性）

　リレーションスキーマ $R(X, Y, Z)$ に対して【定理】（情報無損失分解）の性質が成り立つとき，R に**多値従属性**（multi-valued dependency, **MVD**）$X \twoheadrightarrow Y \mid Z$ が存在するという．

　したがって，情報無損失分解を多値従属性を使って表現すれば，次のようになる．

【定理】（情報無損失分解と多値従属性）

　リレーションスキーマ $R(X, Y, Z)$ がその 2 つの射影 $R[X, Y]$ と $R[X, Z]$ に情報無損失分解されるための必要かつ十分条件は R に多値従属性 $X \twoheadrightarrow Y \mid Z$ が存在すること．

　ここで，多値従属性が成り立つ典型的な例を示すべく，フライト（flight）を考える．そこには，航空機を飛ばそうとパイロットや客室乗務員からなるクルーがいる．一方，そのフライトの乗客がいる．注意すべきは，クルーと乗客はたまたま同じフライトに乗り合わせたということで，両者の関係性は**直交**（orthogonal）している（同じフライトにクルーと乗客として乗り合わせたことに何の因果関係もない）．したがって，この場合，リレーションスキーマ **フライト**(便名, クルー名, 乗客名) には多値従属性 便名 $\twoheadrightarrow$ クルー名 | 乗客名 がある．

実際にフライトを55便と505便，クルー
と乗客をそれぞれパイロットのP氏と客室乗
務員のS氏とP′氏とS′氏，乗客をA，B，C
氏とA′氏とすると，その事実関係を記録する
リレーションスキーマ **フライト**(便名, クルー
名, 乗客名) のインスタンスは図7.3のように
なる．読者はリレーション フライト をその多
値従属性による2つの射影，フライト [便名,
クルー名] とフライト [便名, 乗客名] への分解
が情報無損失であること，つまり，フライト ＝
フライト [便名, クルー名] * フライト [便名, 乗
客名] が成立することを確かめられたい．

フライト		
便名	クルー名	乗客名
55	P	A
55	S	A
55	P	B
55	S	B
55	P	C
55	S	C
505	P′	A′
505	S′	A′

図7.3　リレーション フライト

7.3　関数従属性

　本節では関数従属性を議論する．理論的には関数従属性は前節で導入した多従属
性の特殊な場合となり，リレーションの情報無損失分解の十分条件を与えるものにし
かすぎないが，リレーショナルデータベースの正規化理論では第2正規形，第3正
規形，ボイス–コッド正規形を規定する極めて重要な役割を担っている．まずは関
数従属性を定義することから始める．

【定義】(関数従属性)

　リレーションスキーマ $R(X, Y, Z)$ に **関数従属性** (functional dependency,
FD) $X \rightarrow Y$ が存在するとは次の条件が成立するときをいう．
　R を R の任意のインスタンスとするとき，

$$(\forall t, t' \in R)(t[X] = t'[X] \Rightarrow t[Y] = t'[Y])$$

　ここで関数従属性の例をあげる．図7.4に学生が科目を履修している状況をデー
タベース化するにあたり，リレーションスキーマ **履修**(学籍番号, 科目, 得点, 評価,
判定, 担当教員, 入学年) を定義して，観察される関数従属性として次に示す5つを
定義した様子を示す．関数従属性の意味するところを読者も納得できるだろうが，
関数従属性 f_2 では普通は評価は得点だけで決めるところもあるが (例えば，一律に
80点以上はA)，ここでは科目の難易度を考慮して評価が決まるモデルとしている

履修

学籍番号	科目	得点	評価	判定	担当教員	入学年
200100	データベース	70	A	合	福井	2020
200100	プログラミング言語	80	B	合	宮崎	2020
210123	データベース	80	A	合	福井	2021
210123	計算機システム	90	A	合	石川	2021
210124	データベース	20	D	不合格	福井	2021
210124	計算機システム	50	C	合	石川	2021
210124	プログラミング言語	70	B	合	宮崎	2021

図 7.4　リレーション 履修

ことに注意する.

f_1：{学籍番号, 科目} → 得点

f_2：{科目, 得点} → 評価

f_3：評価 → 判定

f_4：学籍番号 → 入学年

f_5：科目 → 担当教員

さて，以下 2 つのことを議論したい．ひとつは関数従属性に関係する幾つかの事実であり，もうひとつは多値従属性との関係である．

まず，候補キーとスーパキーについて記す．リレーションのタップルの唯一識別子として定義された候補キーは関数従属性の概念を使うと次のように定義できる．

【定義】（候補キー）

　リレーションスキーマ $R(A_1, A_2, \cdots, A_n)$ の属性集合 K が **候補キー** であるとは次の性質を満たすときをいう.

　R を R の任意のインスタンスとして，

(1)　$(\forall t, t' \in R)(t[K] = t'[K] \Rightarrow t = t')$

(2)　K のどのような真部分集合 H に対しても (1) の性質は成立しない.

候補キーを含む集合を **スーパキー**（super key）という．スーパキーでは上記 (1) の性質しか成り立たない．また，候補キーのうち適当なひとつを選び主キーとしたが，図 7.4 に示したリレーション 履修 では {学籍番号, 科目} が候補キーとなり，この場合は候補キーがひとつしかないので主キーである．

続いて，完全関数従属性を定義しておく．

【定義】（完全関数従属性）

　関数従属性 $X \to Y$ で, X の任意の真部分集合 X' ($X' \subset X$) について $X' \to Y$ は成立しないとき, Y は X に**完全関数従属**（fully functionally dependent）しているという.

　次に FD と MVD との関係を示す.

【定理】（FD ならば MVD）

　リレーションスキーマ $\boldsymbol{R}(X, Y, Z)$ に関数従属性 $X \to Y$ が存在すれば, 多値従属性 $X \longrightarrow Y \mid Z$ が存在する.

　（証明） 多値従属性 $X \longrightarrow Y \mid Z$ の存在を証明するために, $t[X] = t'[X]$ を満たす（$\boldsymbol{R}$ の任意のインスタンス）R の任意の 2 タプル t と t' について, それらから構成される次の 2 タプル $w = (t[X, Y], t'[Z])$, $w' = (t'[X, Y], t[Z])$ がまた R のタプルであることを示す. 関数従属性 $X \to Y$ が存在しているので, $t[X] = t'[X]$ ならば $t[Y] = t'[Y]$ であるから, このとき $t[X, Y] = t'[X, Y]$ となる. したがって, $w = (t[X, Y], t'[Z]) = (t'[X, Y], t'[Z]) = t'$, 同様に $w' = t$ となり, w も w' も R のタプルであることが分かる.　■

　定理の逆は成り立たない. このことは, 例えば図 7.3 で示したリレーション フライト では多値従属性 便名 $\longrightarrow$ クルー名 | 乗客名 が成り立っているが, 便名 $\to$ クルー名 という関数従属性も 便名 $\to$ 乗客名 という関数従属性も成り立たないことから容易に理解できよう.

　この定理の意味するところは大きい. つまり, 前節の【定理】（情報無損失分解と多値従属性）と上記の定理より, 次の結果を得る.

【定理】（情報無損失分解の十分条件）

　リレーションスキーマ $\boldsymbol{R}(X, Y, Z)$ がその 2 つの射影 $\boldsymbol{R}[X, Y]$ と $\boldsymbol{R}[X, Z]$ に情報無損失分解されるための十分条件は $\boldsymbol{R}$ に関数従属性 $X \to Y$ が存在すること.

　したがって, 図 7.4 のリレーション 履修 は関数従属性の f_1 から f_5 を使って, 様々に情報無損失分解できる. このことは逆にいえば, リレーション 履修 には様々な更新時異状が発生するであろうということで, 実際に新たな科目を担当するために新任教員が赴任してきたが, 履修する学生がつかない限りは, その事実をこのデー

タベースには格納し得ないという異状が発生する．したがって，このリレーション
は高次の正規化の対象となる．

7.4 アームストロングの公理系

リレーションスキーマを定義するとき，そこで成立する関数従属性の集合も同時
に定義しないといけないが，成立するべき全ての関数従属性を列挙できているので
あろうか？ 関数従属性は次章でより詳細に見ていくように，リレーショナルデー
タベース設計で本質的な役割を担うから，この問題は看過できない．まずいえるこ
とは，データベース設計者はリレーションスキーマを定義するにあたって，そのリ
レーションスキーマが写し込む実世界の状況をよく理解した上で，そこで成立して
いる "本質的" な関数従属性は絶対見落とさないという信念で成立すべき関数従属
性を列挙していくことが必要であること，つまり，そこで見落とされてしまっては
フォローする術がない．しかし，本質的と考えて抽出した関数従属性が他の本質的
と考えた関数従属性（の集合）から導き出せるかもしれない．あるいは，定義され
た関数従属性（の集合）から予期しなかった新たな関数従属性を見つけることがで
きて驚くかもしれない．このような事柄はどのように定式化されるのであろうか，
本節で議論する．

まず，簡単な事柄から始める．

【定理】（関数従属性の推移律）
　リレーションスキーマ R に関数従属性 $X \to Y$ と $Y \to Z$ が存在していると
する．このとき，$X \to Z$ が成立する．

（証明）帰謬法（背理法）で行う．いま，$X \to Y$ かつ $Y \to Z$ なのに $X \to Z$
が成立しないとする．すると，R のあるインスタンス R が存在して，R に少なく
とも2タプル t と t' が存在して，$t[X] = t'[X]$ なのに $t[Z] \neq t'[Z]$ となる．しか
し，$X \to Y$ なので $t[X] = t'[X]$ ならば $t[Y] = t'[Y]$ であり，更に $Y \to Z$ なので
$t[Y] = t'[Y]$ ならば $t[Z] = t'[Z]$ である．しかし，これは仮定に矛盾する．よって，
$X \to Z$ が成立する． ■

この定理の意味していることは，一般に関数従属性が幾つか存在すると，それら
から新しい関数従属性を導出（derive）することができるという一例を示し得たこ
とである．

では，データベース設計者がリレーションスキーマ $\boldsymbol{R}$ を定義したときに，明らかに意味があると考えられる本質的な関数従属性の集合として，$F = \{f_1, f_2, \cdots, f_p\}$ を陽に与えたとする．このとき，F を基にして一体全体どのような関数従属性が導出されるのであろうか？　この問題はアームストロング（W. W. Armstrong）によって解かれ，関数従属性は次のように公理論的に規定された．

【アームストロングの公理系】

(A_1)　X を属性集合，Y を X の部分集合とするなら $X \rightarrow Y$ である．（反射律）

(A_2)　$X \rightarrow Y$ かつ，Z を任意の属性集合とすると，$X \cup Z \rightarrow Y \cup Z$ である．（添加律）

(A_3)　$X \rightarrow Y$ かつ $Y \rightarrow Z$ なら $X \rightarrow Z$ である．（推移律）

A_3 は前述の定理で証明されている．A_1 と A_2 の証明も難しくない（読者は試みよ）．アームストロングの公理系の大事なポイントは，これら個々の規則の正しさをいっているのではなく，この 3 つの規則が "F を基にして一体全体どのような関数従属性が導出されるのであろうか？" という上記の質問に答えるに必要かつ十分な体系を示したということである．つまり，この公理系は，陽に宣言された，すなわち，所与（given）の関数従属性の集合 $F = \{f_1, f_2, \cdots, f_p\}$ から，導出可能な関数従属性は，F に A_1, A_2, A_3 の各規則を可能な限り適用していけば全てを丁度導出できるといっているのである．換言すれば，F を与えて，アームストロングの公理系により導出されるものは確かにリレーションスキーマ $\boldsymbol{R}$ 上での関数従属性であり（このことをアームストロングの公理系が健全（sound）であるという），かつ $\boldsymbol{R}$ 上で成立すべき関数従属性は全て導出できる（このことをアームストロングの公理系が完全（complete）であるという）ことを謳っている．F から導出される関数従属性の全体（勿論 F も含めて）を F^+ と表すことにし，それを F の閉包（closure）と呼ぶ．

したがって，F から導出される関数従属性（いい換えれば，F^+ の元）はアームストロングの公理系のもとで証明（prove）することができる．例えば，前節のリレーションスキーマ 履修 の所与の関数従属性の集合 $F = \{f_1, f_2, f_3, f_4, f_5\}$ から，そこでは定義されていなかった新たな関数従属性 {学籍番号, 科目} → 判定 を導出する証明は図 7.5 に示される通りである．

リレーションスキーマ $\boldsymbol{R}$ の所与の関数従属性の集合 $F = \{f_1, f_2, \cdots, f_p\}$ が与えられたとき，一般に X と Y を $\boldsymbol{R}$ の属性からなる集合として，$X \rightarrow Y$ という関数従属性が $\boldsymbol{R}$ で成り立つのか否か，換言すれば $X \rightarrow Y \in F^+$ かどうか，を知りたいと

1.	{学籍番号, 科目} → 得点	(所与)
2.	{学籍番号, 科目} → {科目, 得点}	(1. と添加律)
3.	{科目, 得点} → 評価	(所与)
4.	{学籍番号, 科目} → 評価	(2. と 3. と推移律)
5.	評価 → 判定	(所与)
6.	{学籍番号, 科目} → 判定	(4. と 5. と推移律)

図 7.5　{学籍番号, 科目} → 判定 の証明

は思わないだろうか. この問題は, **含意問題**（implication problem）として知られている. つまり, R の属性集合 X を与えて, F に関する X の閉包 $X^+ = \{Y \mid$ アームストロングの公理系のもとで F から $X \to Y$ が導出される$\}$ を計算する. このとき, $X \to Y$ という関数従属性が R で成り立つための必要かつ十分条件は $Y \in X^+$ であることとなる. したがって, F に関する X の閉包 X^+ を求めるアルゴリズムの提示と, その時間計算量が問題となる. アルゴリズムを図 7.6 に示す. その時間計算量は多項式時間であるので, 上記判定問題は問題なく解ける.

(ステップ 1)	$X^{(0)} = X$ とおく.
(ステップ 2)	$X^{(i)} = X^{(i-1)} \cup \{A \mid A \in Z \wedge Y \to Z \in F \wedge Y \subseteq X^{(i-1)}\}$ $(i \geqq 1)$
(ステップ 3)	もし $X^{(i)} = X^{(i-1)}$ なら $X^+ = X^{(i-1)}$ とおく. そうでなければステップ 2 にいく.

図 7.6　X^+ を求めるアルゴリズム

したがって, リレーションスキーマ $R(A_1, A_2, \ldots, A_n)$ と所与の関数従属性の集合 F が与えられたとき, R の候補キーを 1 つ見つけるという問題は図 7.7 に示すアルゴリズムで解ける. その時間計算量は多項式時間である. どのような候補キーが見つかるかは, ステップ 2 でどのような属性を選択するかによる.

(ステップ 1)	$K = \{A_1, A_2, \ldots, A_n\}$ とおく.
(ステップ 2)	属性 $A_i \in K$ を選び, $\{K - A_i\}^+$ を計算する. もし, $\{K - A_i\}^+$ $= \{A_1, A_2, \ldots, A_n\}$ ならば, $K = K - A_i$ とおいてステップ 2 に戻る. そうでなければ, K が求める候補キーである.

図 7.7　候補キーを 1 つ見つけるアルゴリズム

　関連して，$\boldsymbol{R}(A_1, A_2, \ldots, A_n)$ の属性集合 X を与えてそれが候補キーであるか否かは，$X^+ = \{A_1, A_2, \ldots, A_n\}$ であり，かつ X の任意の部分集合 Y に対しては $Y^+ \neq \{A_1, A_2, \ldots, A_n\}$ が成立するならば候補キーであるので，上記から多項式時間で解ける．では，$\boldsymbol{R}(A_1, A_2, \ldots, A_n)$ の全ての候補キーを求めるという問題はどうであろうか．これは，読者は直観されたのではないかと思うが，候補キーとなり得る属性集合の数は（空集合を除いて）$2^n - 1$ であることから，基本的には組合せ爆発が生じ，扱いにくい問題といえる（リレーションの次数 n が小さければ力まかせに解けよう）．

■ リレーション 注文 の主キーが {顧客名, 商品名} であることの証明

　リレーション 注文(顧客名, 商品名, 数量, 単価, 金額) は次数が 5 と小さいので，注文の主キーが {顧客名, 商品名} であることを力まかせに示してみる．ここで，リレーション 注文 に所与の関数従属性集合は $F = \{f_1:$ {顧客名, 商品} $\rightarrow$ 数量，$f_2:$ 商品名 $\rightarrow$ 単価，$f_3:$ {商品名, 数量} $\rightarrow$ 金額，$f_4:$ {数量, 単価} $\rightarrow$ 金額，$f_5:$ {数量, 金額} $\rightarrow$ 単価，$f_6:$ {単価, 金額} $\rightarrow$ 数量} とする．

　まず，$\Omega_{注文} = \{$顧客名, 商品名, 数量, 単価, 金額$\}$ の元の数が 4 の 5 つの真部分集合を $X_1 = \Omega_{注文} - \{$顧客名$\}$，$X_2 = \Omega_{注文} - \{$商品名$\}$，$X_3 = \Omega_{注文} - \{$数量$\}$，$X_4 = \Omega_{注文} - \{$単価$\}$，$X_5 = \Omega_{注文} - \{$金額$\}$，ここに $-$ は差集合演算，とする．各 X_i について X_i^+ を計算すると，$X_1^+ \neq \Omega_{注文}$，$X_2^+ \neq \Omega_{注文}$，$X_3^+ = X_4^+ = X_5^+ = \Omega_{注文}$ である．したがって，候補キーがあるとすれば，X_3，X_4，X_5 の部分集合である．そこで，それぞれについて，$X_{31} = X_3 - \{$顧客名$\}$，$\ldots$，$X_{34} = X_3 - \{$金額$\}$，という具合にその真部分集合を定めてそれらの閉包を計算していく．この操作を繰り返した結果，X_3，X_4，X_5 の何れでも {顧客名, 商品名}$^+ = \Omega_{注文}$ であり，かつ {顧客名}$^+ \neq \Omega_{注文}$，{商品名}$^+ \neq \Omega_{注文}$ である．したがって，{顧客名, 商品名} が唯一の候補キーであり，主キーである．　■

第 7 章の章末問題

問題 1　社員が研修を受けている様子をデータベース化するにあたり，リレーション 研修(社員番号, 社員名, 科目番号, 科目名, 得点, 評価) を作成した．全ての属性のドメインは単純であるとし，次の関数従属性が与えられているとする．

$$f_1：社員番号 \rightarrow 社員名$$
$$f_2：科目番号 \rightarrow 科目名$$
$$f_3：\{社員番号, 科目番号\} \rightarrow 得点$$
$$f_4：\{科目番号, 得点\} \rightarrow 評価$$

リレーション 研修 は下に示された通りとし，次の問に答えなさい．

(問 1)　アームストロングの公理系を使うことによって，f_1〜f_4 では定義されていない新たな関数従属性：{社員番号, 科目番号} → 評価 を導くことができる．その証明を行いなさい．

(問 2)　リレーション 研修 の主キーを，理由を付して，示しなさい．

(問 3)　リレーション 研修 はこのままでは更新時異状が発生する．研修 へのタップルの (a) 挿入, (b) 削除, (c) 修正時にどのような異状が発生するのか，例に即して具体的に説明しなさい（— は空を表す）．

(問 4)　それらの更新時異状を解消するには，どうしたらよいのか．その解決方法と，その結果を示しなさい．

研修

社員番号	社員名	科目番号	科目名	得点	評価
E007	ボンド	C001	データベース	90	A
E007	ボンド	C002	CG	—	—
E008	キム	C001	データベース	70	A
E008	キム	C003	オートマトン	—	—

問題 2　電化製品を扱っている問屋が顧客からの注文状況をデータベース化するにあたり，リレーション 注文(顧客名, 商品名, 単価, 数量, 金額) を作成した．ここにアンダーラインは主キーを表し，全ての属性のドメインは単純であり，次の関数従属性が与えられているとする．

$$f_1：\{顧客名, 商品名\} \rightarrow 数量$$
$$f_2：商品名 \rightarrow 単価$$
$$f_3：\{商品名, 数量\} \rightarrow 金額$$

リレーション 注文 は下に示された通りとし，次の問いに答えなさい．

(問 1)　リレーション 注文 はこのままでは更新時異状が発生する．注文 へのタップルの挿入時にどのような異状が発生するのか，例に即して具体的に説明しなさい．

(問 2)　リレーション 注文 はこのままでは更新時異状が発生する．注文 へのタップルの削除時にどのような異状が発生するのか，例に即して具体的に説明しなさい．

(問 3)　リレーション 注文 の更新時異状を解消するには，それを情報無損失分解すればよい．分解の結果どのようなリレーションが得られるのか示しなさい．

(問4)　リレーション 注文 は第何正規形か，その理由を付して答えなさい[1].

注文

顧客名	商品名	単価	数量	金額
昭和電器	エアコン	98,000	3	294,000
平成電器	エアコン	98,000	10	980,000
平成電器	除湿機	23,000	5	115,000
令和電器	扇風機	16,800	1	16,800

問題3　リレーション 工場(工場番号, 製品番号, 生産量, 所在地) で，所与の関数従属性は次の通りとする．

$$f_1 : \{工場番号, 製品番号\} \rightarrow 生産量$$
$$f_2 : 工場番号 \rightarrow 所在地$$

リレーション 工場 は下に示された通りとし，次の問いに答えなさい．

(問1)　リレーション 工場 の主キーは何か，理由も併せて示しなさい．

(問2)　リレーション 工場 はこのままでは更新時異状が発生する．工場 へのタップルの (a) 挿入，(b) 削除，(c) 修正時にどのような異状が発生するのか，例に即して具体的に説明しなさい．

(問3)　それらの更新時異状を解消するには，どうしたらよいか．(a) その解決方法と，(b) その結果，を示しなさい．

(問4)　リレーション 工場 は第何正規形か，その理由も併せて述べなさい[2].

工場

工場番号	製品番号	生産量	所在地
F_1	TV528	100	北海道
F_1	FRIG70	50	北海道
F_2	TV528	80	九州

---

[1] この設問は第8章を学習してから答えてよい．

[2] この設問は第8章を学習してから答えてよい．

第8章
正規化理論
——高次の正規化——

リレーションで更新時異状が発生すると，それはリレーションの正規化の度合い，つまり "正規度" が足らなかったからだとリレーショナルデータベースの理論ではいう．その正規度がきっちり定義できれば，リレーショナルデータベース設計に指針を示せることになる．本章では，具体的に第2正規形から第5正規形まで，リレーションの正規化理論の全貌を示す．データベース設計の現場では第3正規形までの正規化を行うようであるが，なぜそうなのかを理解するに必要な理論的拠りどころが与えられる．

8.1 第2正規形

前章で，リレーションが第1正規形であることだけでは，リレーションの更新時に異状が発生することを知った．また一方で，リレーション（スキーマ）を情報無損失分解することについて，多値従属性と関数従属性という概念に行きつき，それらの基本的性質を見てきた．

さて，本章ではそのような更新時異状をどのように解消していくかをリレーション（スキーマ）の高次の正規化（further normalization）という観点から述べていきたい．まず，リレーションスキーマが第2正規形（the second normal form, 2NF）であることについて議論していく．

なお，正規形に関する議論は，多値従属性や関数従属性がそうであったように，全てリレーションスキーマに関する議論である．しかしながら，リレーションスキーマとインスタンス（としてのリレーション）の関係（2.3節）は十分に理解されているとして，本来リレーションスキーマと記すべきところを（説明の都合上）単にリレーションと記しているところもあるので注意されたい．

【定義】(2NF)

　リレーションスキーマ **R** が第2正規形であるとは次の2つの条件を満たすときをいう.

　(1)　**R** は第1正規形である.

　(2)　**R** の全ての非キー属性は **R** の各候補キーに完全関数従属している.

　ここに, **非キー属性** (non-key attribute) とはいかなる候補キー (勿論, 主キーも含まれる) にも属していない属性をいう. また関数従属性 $X \to Y$ において, X のいかなる真部分集合 X' に対しても $X' \to Y$ は成立しないとき, Y は X に完全関数従属しているという定義は前章で与えた.

　ここで, 第1正規形ではあるが第2正規形ではない典型的リレーションを考えてみよう.

　実は, 前章冒頭で, リレーションは第1正規形だけでは様々な更新時異状が発生する危険性のあることを例示するために使ったリレーション 注文 (図7.1) は第1正規形ではあるが第2正規形ではない. 以下の議論のためにリレーション 注文 と所与の関数従属性の集合 F を図8.1 に再掲するが, リレーション 注文 の唯一の候補キー, したがって主キーは {顧客名, 商品名} であり (その証明は7.4節末で与えた), したがって, 3つある非キー属性の数量, 単価, 金額のうち, 数量と金額は主キーに完全関数従属しているが, 単価はそうではなく, 主キーの真部分集合である {商品名} に完全関数従属しているので, 【定義】(2NF) の条件 (2) を満たしておらず, リレーション 注文 は第2正規形ではない.

注文

顧客名	商品名	数量	単価	金額
A商店	テレビ	3	198,000	594,000
Bマート	テレビ	10	198,000	1,980,000
Bマート	洗濯機	5	59,800	299,000
C社	餅つき機	1	29,800	29,800

属性名のアンダーラインは主キーを構成する属性を表す

$$F = \{f_1\colon \{顧客名, 商品名\} \to 数量,$$
$$f_2\colon 商品名 \to 単価, \ f_3\colon \{商品名, 数量\} \to 金額,$$
$$f_4\colon \{数量, 単価\} \to 金額, \ f_5\colon \{数量, 金額\} \to 単価,$$
$$f_6\colon \{単価, 金額\} \to 数量\}$$

図8.1　第1正規形ではあるが第2正規形でないリレーション 注文

そこで，f_2：商品名 → 単価 という関数従属性を使ってリレーション 注文 を2つの射影——注文 [顧客名, 商品名, 数量, 金額] と 注文 [商品名, 単価]——に情報無損失分解すると（関数従属性の存在はリレーションの情報無損失分解の十分条件であったことを思い出そう．分解した結果は図7.2に示されている），これら2つのリレーションとも第2正規形となり（実はもっと高次の正規形にこの場合なっているが），指摘されたような更新時異状は最早（もはや）発生しなくなっている．

では，リレーションは第2正規形に正規化すればもう更新時異状は発生しないのであろうか．実はそうではないのであり，第3正規形という概念を必要とする．

8.2　第3正規形

第2正規形ではあるが，第3正規形ではないリレーションを示して，第3正規形への正規化を論じよう．

図8.2にリレーション 社員 を示す．ここで，$F = \{$社員番号 → 社員名, 社員番号 → 給与, 社員番号 → 所属, 所属 → 勤務地$\}$ とする．明らかに，主キーは社員番号で，他の属性は非キー属性であり，それらは主キーに完全関数従属しているから，

社員

社員番号	社員名	給与	所属	勤務地
0650	山田太郎	50	K55	神奈川
1508	鈴木花子	40	K41	東　京
0231	田中桃子	60	K41	東　京
2034	佐藤一郎	40	K55	神奈川
2100	高橋次郎	40	K58	静　岡

属性名のアンダーラインは主キーを表す

(a) リレーション 社員 —第2正規形ではあるが第3正規形ではない例—

社員[社員番号, 社員名, 給与, 所属]

社員番号	社員名	給与	所属
0650	山田太郎	50	K55
1508	鈴木花子	40	K41
0231	田中桃子	60	K41
2034	佐藤一郎	40	K55
2100	高橋次郎	40	K58

社員[所属, 勤務地]

所属	勤務地
K55	神奈川
K41	東　京
K58	静　岡

(b) 関数従属性 所属 → 勤務地 によるリレーション 社員 の情報無損失分解

図 8.2　(a) 第2正規形ではあるが第3正規形ではないリレーション 社員
(b) その情報無損失分解の結果

第2正規形である.

　しかし, リレーション 社員 においても, リレーション 注文 で見たのと同様な更新時異状が観察される.

■ タップル挿入時異状

　新しく部門K45ができその所在地が千葉と決定したとする. そのデータをリレーション 社員 に格納するためにタップル

　　　(—, —, —, K45, 千葉)

を挿入しようとする. しかし, このタップルはリレーション 社員 の主キーである社員番号が空なので, キー制約に抵触し, 挿入を許されない. したがって, 新部門とその所在地のデータは誰か社員がその部門に配属になるまで格納できないという異状が発生する.

■ タップル削除時異状

　いま, 図8.2(a) のリレーション 社員 が表すように, 部門K58に所属している社員は高橋次郎唯一人であったとしよう. そして, 何か事情があって高橋次郎が会社を辞めたとしよう. もう社員ではないので, タップル

　　　(2100, 高橋次郎, 40, K58, 静岡)

は削除されねばならない. すると, 部門K58が存在していてその所在地が静岡であるというデータが失われてしまう. 勿論, キー制約により

　　　(—, —, —, K58, 静岡)

なるタップルをリレーション 社員 に挿入することはできない.

■ タップル修正時異状

次に示す2種類の異状が観察される.

(1)　いま, K41なる部門の所在地が東京から千葉に移ったとしよう. このとき, K41を属性 所属 の値として持っているタップルの本数分だけ属性 勤務地 の値を東京から千葉に修正しなければならない.

(2)　社員である高橋次郎が配置換えになって, 部門K55の神奈川勤務となったとしよう. そのため, タップル

　　　(2100, 高橋次郎, 40, K58, 静岡)

　　は

　　　(2100, 高橋次郎, 40, K55, 神奈川)

に修正される. しかし, 高橋次郎の他にK58に勤務していた社員がいなかったので, K58が静岡にあるというデータが失われてしまう. 勿論, (—, —,

—, K58, 静岡) なるタップルはリレーション 社員 にはキー制約に抵触するから挿入し得ない.

さて,このような異状がなぜ発生したのかというと,リレーション 社員 では,非キー属性の勤務地が主キーの社員番号に直接に関数従属しておらず,下に示す証明で分かるように,勤務地は社員番号に(所属を経由して)推移的に関数従属 (transitively functionally dependent) しているからである.

1. 社員番号 → 所属　　　（所与）
2. 所属 → 勤務地　　　（所与）
3. 社員番号 → 勤務地　　（1. と 2. と推移律）

そこで,リレーション 社員 をこの**推移的関数従属性**（transitive functional dependency）を発生せしめた関数従属性 所属 → 勤務地 を使って情報無損失分解すると,指摘された更新時異状は霧散する.図 8.2(b) にその情報無損失分解の結果を示す（読者はこの結果,指摘された更新時異状が最早発生しないことを確かめよ）.

つまり,リレーション 社員 はこの意味で第3正規形ではなかった訳で,その定義は次のように与えられる.

【定義】（3NF）

リレーションスキーマ **R** が**第 3 正規形**（the third normal form, **3NF**）であるとは次の2つの条件を満たすときをいう.

(1) **R** は第2正規形である.

(2) **R** の全ての非キー属性は **R** のいかなる候補キーにも推移的に関数従属しない.

ここで,推移的関数従属性が多段に及ぶ場合について注意する.例えば,リレーション $R(A, B, C, D)$ で,$A \to B$,$B \to C$,$C \to D$ という関数従属性があった場合,まず R を $R[A, B, C]$ と $R[C, D]$ に,続いて $R[A, B, C]$ を $R[A, B]$ と $R[B, C]$ に情報無損失分解して更新時異状を解消する.

データベース設計の現場ではリレーションは第3正規形にまで正規化するのが普通である.この理由としては正規形の定義が分かり易いこと,もうひとつは本章末のコラム「関数従属性損失分解」で言及するように,もうひとつ高次のボイス–コッド正規形ではその正規化が関数従属性保存ではないことをあげられる.

8.3　ボイス–コッド正規形

　さて，リレーションは第3正規形であるならこれまで述べてきたような更新時異状は最早発生しなくなるのであろうか．答えはまた否なのである．よく知られている例があるので，それを紹介することから始める．

　図8.3(a) に示される リレーション SCT(学生名, 科目名, 教員名) がそうである[1]．所与の関数従属性は図8.3(b) に示した通り，{学生名, 科目名} → 教員名 と 教員名 → 科目名 である．したがって，{学生名, 科目名} と {学生名, 教員名} が候補キーとなる．前者は自明だが，後者は {学生名, 教員名}$^+$ = {学生名, 教員名, 科目名} となるが，{学生名}$^+$ = {学生名}, {教員名}$^+$ = {教員名, 科目名} なので {学生名, 教員名} も候補キーであることが分かる．したがって，リレーション SCT には非キー属性は存在しない．よって，非キー属性に対して推移的関数従属性の存在を問うている第3正規形の定義には抵触しなく，SCT は第3正規形である．

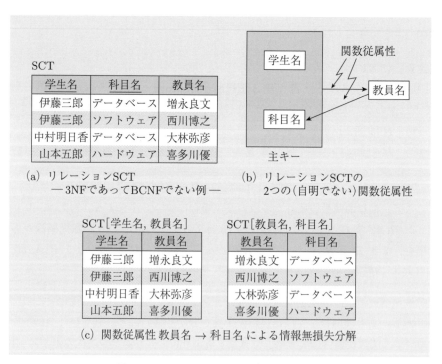

(a) リレーションSCT
　　— 3NFであってBCNFでない例 —

(b) リレーションSCTの
　　2つの(自明でない)関数従属性

(c) 関数従属性 教員名 → 科目名 による情報無損失分解

図8.3　リレーション SCT とその正規化

---

[1] S, C, T は student, course, teacher の頭文字.

しかし, このリレーションでは次のような更新時異状が発生する.

■ タップル挿入時異状

新任教員の佐藤祐子がコンピュータグラフィックスを担当することになった. ただ, まだこの科目の履修登録をした学生はいないとする. すると, 佐藤祐子がコンピュータグラフィックスを担当することになったという事実をリレーション SCT に格納することはできない. なぜなら, (—, コンピュータグラフィックス, 佐藤祐子) なるタップルはキー制約に抵触するのでリレーション SCT には挿入できないからである.

■ タップル削除時異状

例えば学生 伊藤三郎 がソフトウェアは難しそうなので履修を取り止めたとする. この事実を反映させるために, リレーション SCT からタップル (伊藤三郎, ソフトウェア, 西川博之) を削除する. すると, ソフトウェアを履修すると登録していた学生は伊藤三郎唯一人だった図 8.3(a) の状況では, 同時に教員 西川博之 がソフトウェアを担当しているという事実も消えてしまう. 勿論, (—, ソフトウェア, 西川博之) というタップルはキー制約に抵触するので挿入できない.

■ タップル修正時異状

次に示す 2 種類の異状が観察される.

(1)　例えば, ソフトウェアの担当教員が西川博之から青木康に変更になった場合, ソフトウェアを履修している学生の数だけタップルを修正しないといけない (この例では履修者が 1 名なのでこの異状は観察されないが).

(2)　例えば, 学生 伊藤三郎 がソフトウェアではなく, ハードウェアに履修登録を変更してきたとすると, タップル (伊藤三郎, ソフトウェア, 西川博之) が (伊藤三郎, ハードウェア, 喜多川優) に修正されるに伴い, 教員 西川博之 がソフトウェアを担当しているという事実を表すデータがリレーション SCT から消滅する.

さて, これらの異状が発生したのは 教員名 → 科目名 という自明でもなく, またスーパキーからの関数従属性でもない "れっきとした" 関数従属性が存在していて, 結局 one fact in one relation のポリシーに抵触しているからである. そこで, リレーション SCT をその関数従属性により図 8.3(c) に示すように情報無損失分解すると, 2 つの分解成分リレーションでは最早上記のような更新時異状が発生しないことが分かる.

なお, ボイス–コッド正規形への情報無損失分解が関数従属性保存ではないことを本章末コラム「関数従属性損失分解」に記す.

【定義】（BCNF）

　リレーションスキーマ **R** がボイス–コッド正規形（Boyce-Codd normal form, **BCNF**）であるとは次の条件が成立するときをいう.

　　$X \rightarrow Y$ を **R** の関数従属性とするとき,

　(1)　$X \rightarrow Y$ は自明な関数従属性であるか, または

　(2)　X は R のスーパキーである.

　リレーション SCT には自明でもなく, またその決定子がスーパキーでもないれっきとした関数従属性 教員名 → 科目名 が存在したので BCNF ではない. しかし, 明らかに図 8.3(c) の 2 つの分解成分リレーションは BCNF である.

　ここに, **自明な関数従属性**（trivial functional dependency）とは, $X \rightarrow Y$ を関数従属性とするとき, $Y = \phi$（空集合）か $Y \subseteq X$ のときをいう.

8.4　第 4 正規形と第 5 正規形

　多値従属性を前章で議論したときに, それが成り立つ典型的なリレーションとして, リレーション フライト(便名, クルー名, 乗客名) を考えた (図 7.3). このリレーションには自明でない関数従属性はなく, したがって, 主キーは全属性集合 {便名, クルー名, 乗客名} であり, 明らかにボイス–コッド正規形である.

　しかし, これでも, 以下に見るように更新時異状がしっかりと発生する.

■ タップル挿入時異状

(1)　61 便のクルー P″ 氏が決まったのでリレーション フライト に格納しておきたいと思うが, キー制約により (61, P″, —) なる形のタップルは挿入できないので, 誰か乗客が搭乗予約をしてくるまではそのデータを格納できない.

(2)　55 便に新たに客室乗務員 S″ さんがクルーとして加わったとすると, (55, S″, A), (55, S″, B), (55, S″, C) なる 3 タップルを挿入しないとそのデータは格納できない.

■ タップル削除時異状

(1)　いま, 505 便を予約していた A′ 氏が予約をキャンセルしてきたとすると, (505, P′, A′) と (505, S′, A′) なる 2 本のタップルを削除しなければならない.

(2)　加えて, 505 便を予約していた乗客はこの場合 A′ 氏 1 人だけだったので, 削除に伴い 505 便のクルーのデータが消滅してしまう（勿論キー制約により (505, P′, —) と (505, S′, —) なるタップルを挿入することはできない）.

■ タップル修正時異状

(1) 55便のパイロットがP氏からP‴氏に変更となったとすると，乗客の人数分だけ修正を行わなくてはならない．

(2) 505便の乗客A′氏が55便に予約を変更すれば，この場合，505便のクルーのデータが消滅する．

これらの更新時異状を解消するには，多値従属性 便名 $\longrightarrow\!\!\!\rightarrow$ クルー名 | 乗客名 を使用して，リレーション フライト を2つの射影 フライト[便名, クルー名] とフライト[便名, 乗客名] に情報無損失分解すればよい．

リレーション フライト がなぜいけなかったのかというと，それには 便名 $\longrightarrow\!\!\!\rightarrow$ クルー名 | 乗客名 というれっきとした多値従属性が存在しており，次に示す第4正規形の定義を満たしていなかったからである．

【定義】（**4NF**）

リレーションスキーマ $\boldsymbol{R}$ が**第4正規形**（the forth normal form, **4NF**）であるとは次の条件を満たしているときをいう．

$X \longrightarrow\!\!\!\rightarrow Y$ を $\boldsymbol{R}$ の多値従属性とするとき，

(1) $X \longrightarrow\!\!\!\rightarrow Y$ は自明な多値従属性であるか，または

(2) X は $\boldsymbol{R}$ のスーパキーである．

ここに，**自明な多値従属性**（trivial multi-valued dependency）とは，$X \longrightarrow\!\!\!\rightarrow Y \mid Z$ を多値従属性としたとき，$Z = \phi$（空集合）か $Y \subseteq X$ のときをいう．

リレーションの正規形には，更に第5正規形がある．

■ 第5正規形

第5正規形（the fifth normal form, **5NF**）は4NFの素直な拡張で，多値従属性を一般化した**結合従属性**（join dependency）を導入することで規定できる．直観的に結合従属性を説明すると次のようである．リレーションスキーマ $\boldsymbol{R}(X, Y, Z)$ は2分解可能ではないが，3分解可能であるとき，$\boldsymbol{R}$ に結合従属性 $*(\{X, Y\}, \{X, Z\}, \{Y, Z\})$ が成立しているという．つまり，$\boldsymbol{R}$ が2分解可能でないということは，$\boldsymbol{R}$ に $X \longrightarrow\!\!\!\rightarrow Y \mid Z,\ Y \longrightarrow\!\!\!\rightarrow X \mid Z,\ Z \longrightarrow\!\!\!\rightarrow X \mid Y$ という多値従属性は何れも存在しないということで，$\boldsymbol{R}$ の全てのインスタンス R に対して $R[X, Y] * R[X, Z] = R$，あるいは $R[Y, X] * R[Y, Z] = R$，あるいは $R[Z, X] * R[Z, Y] = R$ が成り立つことはないということである．しかし，$\boldsymbol{R}$ に結合従属性 $*(\{X, Y\}, \{X, Z\}, \{Y, Z\})$ が成立しているということは，$\boldsymbol{R}$ の全てのインスタンス R に対して，$R = R[X, Y] * R[X, Z] *$

$R[Y, Z]$ が成立するということである．つまり，一般に $R[X, Y] * R[X, Z] \supseteq R$ なので，そこには R のタップルではないタップルが出現してしまう恐れがあるが，それと $R[Y, Z]$ の自然結合をとると，そのようなタップルは結合されずに消滅して常に R が戻る，ということである．この場合，あたかも $R[Y, Z]$ で自然結合することが余分なタップルを除去する "フィルタ" のような働きをしている．この定義は一般に $*(X_1, X_2, \ldots, X_n)$ と n 分解まで拡張できることは容易に理解できよう．リレーションスキーマは自明でない結合従属性がないとき第5正規形（5NF）であるという（つまり，まともに n 分解できてはいけないということ）．

■ 正規形の階層関係

さて，リレーションスキーマを情報無損失分解しつつ正規化の度合いを上げ，更新時異状を解消していくという手法を説明してきたが，例えば "第2正規形であっても第3正規形ではないリレーションが存在する" といった具合に正規形には階層関係がある．それを図 8.4 に示す．なお，結合従属性が一般に n 分解を扱う概念なので，リレーションの射影をとりそれらを自然結合してその分解が情報無損失であったかどうかを問う正規化の手法に従う限り，第6正規性という概念はない．

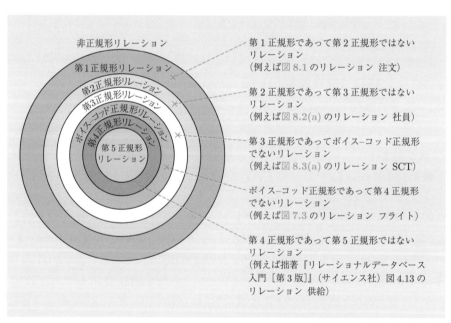

非正規形リレーション

第1正規形リレーション

第2正規形リレーション

第3正規形リレーション

ボイス-コッド正規形リレーション

第4正規形リレーション

第5正規形リレーション

第1正規形であって第2正規形ではないリレーション
（例えば図 8.1 のリレーション 注文）

第2正規形であって第3正規形ではないリレーション
（例えば図 8.2(a) のリレーション 社員）

第3正規形であってボイス-コッド正規形でないリレーション
（例えば図 8.3(a) のリレーション SCT）

ボイス-コッド正規形であって第4正規形でないリレーション
（例えば図 7.3 のリレーション フライト）

第4正規形であって第5正規形ではないリレーション
（例えば拙著『リレーショナルデータベース入門 [第3版]』(サイエンス社) 図 4.13 のリレーション 供給）

図 8.4　リレーション（スキーマ）の正規形の階層構造

第 8 章の章末問題

問題 1　社員が研修を受けている様子をデータベース化するにあたり，リレーション 研修(社員番号, 社員名, 科目番号, 科目名, 得点, 評価) を作成した．全ての属性のドメインはシンプルであるとし，次の関数従属性が与えられているとする．

　　　f_1：社員番号 → 社員名
　　　f_2：科目番号 → 科目名
　　　f_3：{社員番号, 科目番号} → 得点
　　　f_4：{科目番号, 得点} → 評価

リレーション 研修 は下に示された通りとして，次の問いに答えなさい．

(問 1)　一般に，リレーションスキーマ $R(A, B, C)$ の属性の組 {A, B} が R の候補キーであるとはどのような条件を満たすときをいうのか？　その定義を述べなさい．

(問 2)　リレーション 研修 の主キーはどれか？　それを，理由を述べて示しなさい．

(問 3)　キー制約とはどのような一貫性制約をいうのか？　条件が 2 つあるがそれらを明示してその定義を示しなさい．

(問 4)　アームストロングの公理系を使うことによって，f_1〜f_4 では定義されていない新たな関数従属性：{社員番号, 科目番号} → 評価 を導出することができる．その証明を示しなさい．

(問 5)　リレーション 研修 は第何正規形か？　もし，第 N 正規性だとするならば，それより 1 つ上（＝ 高次）の正規性の定義も示し，研修は第 N 正規形の定義は満たすが，その 1 つ上の定義は満たさないので，そうであることを，具体的に示しなさい．

(問 6)　リレーション 研修 はこのままでは更新時異状が発生する．研修へのタップルの (a) 挿入，(b) 削除，(c) 修正時にどのような異状が発生するのか，下に示されたリレーション 研修 を用いて説明しなさい．

(問 7)　更新時異状を解消するには，リレーション 研修 を情報無損失分解すればよいので，研修 をもうこれ以上情報無損失分解できないまでに分解しようと思う．そこで，研修(社員番号, 社員名, 科目番号, 科目名, 得点, 評価) を，まず f_1 と f_2 を使って，研修[社員番号, 社員名] と 研修[科目番号, 科目名] と 研修[社員番号, 科目番号, 得点, 評価] に情報無損失分解した．最初と 2 番目のリレーションはもうこれ以上情報無損失できない．さて，3 番目のリレーションは，第何正規形か？　これも，(問 5)と同様に，きちんとした理由を示して答えなさい．その結果，もし更に情報無損失分解可能であればそれを行った結果を示しなさい．

研修

社員番号	社員名	科目番号	科目名	得点	評価
E007	ボンド	C001	データベース	90	A
E007	ボンド	C002	CG	—	—
E008	キム	C001	データベース	70	A
E008	キム	C003	オートマトン	—	—

問題2　リレーション 履修 は学生の科目履修状況を表したものである．ここに，成績とは得点を，判定とは合否の何れかを表すものとする．

　　　　履修(学籍番号, 学生名, 科目名, 単位数, 成績, 判定)

また，所与の関数従属性は次の通りとする．

　　　　f_1：学籍番号 → 学生名

　　　　f_2：{学籍番号, 科目名} → 成績

　　　　f_3：科目名 → 単位数

　　　　f_4：成績 → 判定

次の問いに答えなさい．

(問1)　このリレーションの主キーはどれか，それを理由と共に示しなさい．

(問2)　アームストロングの公理系を使うと，f_1～f_4 以外の新たな関数従属性，例えば {学籍番号, 科目名} → 判定 を導出することができるが，その証明を示しなさい．

(問3)　このリレーションは第何正規形か，それを理由と共に示しなさい．

(問4)　このリレーションでは更新時異状が発生するが，タップルの挿入時にどのような異状が発生するか，リレーション 履修 の一例を示して説明しなさい．

(問5)　このリレーションでは様々な更新時異状が発生するが，それらを解消するためにはどうすればよいのか，リレーション 履修 の関数従属性 f_1～f_4 の関連性に着目して説明してみなさい．

問題3　在庫とは，取引に備えて，商品が倉庫にあることをいうが，これをデータベース化したい．ここに，商品には商品番号，商品名，倉庫には倉庫番号，倉庫名，また，在庫には在庫量という属性があるとする．更に，これら属性間には次に示す関数従属性が与えられているとする．

　　　　商品番号 → 商品名　　　商品名 → 商品カテゴリ　　　倉庫番号 → 倉庫名

次の問いに答えなさい．

(問1)　商品，倉庫，在庫の関係を表す実体–関連図を示しなさい．

(問2)　(問1) の結果を，リレーショナルデータベースに変換し，適当な説明を加えなさい．このとき，各リレーションの主キーにアンダーラインを引きなさい．外部キーがあればそれも示しなさい．

(問3)　(問2) の結果得られたリレーションの各々について，第何正規形か，正規形の定義を明記した上で，述べなさい．ただし，正規形は第1正規形から第3正規形までを考えることにする．

(問4)　(問3) の結果，まだ第3正規形まで正規化されていないリレーションがあれば，それについてどのような更新時異状が発生するのか，具体的にリレーションの一例を示して説明しなさい．

(問5)　その更新時異状を解消するためにはどうすればよいのか述べなさい．

(問6)　結合のわなとは何か，その現象を (問5) と関連させて，具体的に説明しなさい．

コラム　関数従属性損失分解

　リレーションの正規化理論はリレーションの射影をとり分解して正規度を上げるが，分解のもととなったリレーションはそれらの分解成分を自然結合して元に戻ればよい，という考えであった．つまり，リレーションの情報無損失分解とは，リレーションの構造的側面に着目したアプローチであった．しかし，これではリレーションに付随する意味的制約は考慮されていない訳であるから，例えば関数従属性はリレーションの分解により最早保存されなくなる危険性がある．実際，ボイス–コッド正規形においては，リレーション STC(学生名, 科目名, 教員名) を 2 つの射影 STC[学生名, 教員名] と STC[教員名, 科目名] に情報無損失分解した場合，関数従属性 {学生名, 科目名} → 教員名 は何れの射影上でも定義できないので，本来成立すべきこの意味的制約としての関数従属性に抵触する更新が STC[学生名, 教員名] や STC[教員名, 科目名] で許されてしまう．実際，STC[学生名, 教員名] に新たに (中村明日香, 増永良文) を挿入して (この挿入は問題なく行える)，自然結合 SCT[学生名, 教員名] * SCT[教員名, 科目名] を作成すると，(中村明日香, 大林弥彦, データベース) と (中村明日香, 増永良文, データベース) の 2 本のタップルが SCT に生じる．これは，本来 SCT が持っていた {学生名, 科目名} → 教員名 という関数従属性に明らかに抵触するが，SCT の正規度を上げるためにこのように 2 つに分解してしまうと，この分解は情報無損失ではあるが，関数従属性保存ではない，つまり，関数従属性損失という新たな異状が発生してしまう．リレーションの正規化にあたって留意すべき点である．リレーショナルデータベース設計の現場で第 3 正規形を目標とするのは，この辺の事情が絡んでいる．

第9章
データベース管理システム

Oracle，Db2，SQL Server，PostgreSQL，MySQL，RiRDB などの名前を聞いたことはないか？ これらはリレーショナルデータベース管理システムの名称で，リレーショナルデータベースを効率よく管理・運用できるミドルウェアである．英語では Database Management System というので，DBMS と略すことが多い．DBMS は一体どのように構築されるのであろうか，そしてその機能は何か？ ANSI/X3/SPARC が提案した DBMS の標準アーキテクチャはその 3 層スキーマ構造により，高度のデータ独立性を達成できる仕組みになっている．そのデータ独立性を達成できるのは，徹底的にフォーマルなリレーショナルデータベースだけである．このような観点から，できるだけ体系立てて DBMS を論じる．

9.1　DBMS の標準アーキテクチャ

データベースを効率よく管理・運用する**データベース管理システム**（**DBMS**）をどう構成するかについて，有名な提案がある．ずいぶん昔の提案だが，その内容はいささかの古さも感じない．まさに的を射た提案だったのだろう．商品化されている DBMS や OSS の DBMS のアーキテクチャを見てみると皆一様に提案通りの構成になっている．それが，**ANSI/X3/SPARC**[1] から提案された **DBMS の標準アーキテクチャ**である．

図 9.1 に ANSI/X3/SPARC が提案した DBMS の標準アーキテクチャを示す．提案の基本的考え方は，標準とは**機能**（facility）間の**インタフェース**（interface）を規定することである，という認識である．したがって，この提案は管理者や変換器やデータ辞書といった機能と，機能間のインタフェースとしての各種言語から成り立っている．図 9.1 中に示されている通り，六角形は何らかの役目を担った人（person in role），四角形は処理機能（processing function），点線の四角形はプログラム処理系（program preparation and execution system），三角形はデータ辞

---

[1] American National Standards Institute/Committee on Computers and Information Processing/Standards Planning And Requirements Committee

書機能（data dictionary/directory facility），縦棒はインタフェース，縦棒に付随する丸で囲った番号はインタフェース番号，両方向に矢印の付いた線分はデータ，コマンド，プログラム，説明の流れを表している．図中，背景色がグレーの部分は内部記憶サブシステムの部分で，これは ANSI/X3/SPARC の提案外であることを意味している．以下，要点を補足する．

■ 管理者

(a) **組織体管理者**（enterprise administrator）：データベースの概念スキーマを定義する責任を負った人（あるいはグループ）

(b) **データベース管理者**（database administrator）：組織体管理者が定義した概念スキーマをデータベースの内部スキーマに変換する責任を負った人（あるいはグループ）

(c) **アプリケーションシステム管理者**（application system administrator）：組織体管理者が定義した概念スキーマを基にしてデータベースの様々な外部スキーマを定義する責任を負った人（あるいはグループ）

■ 処理機能

(a) **概念スキーマプロセッサ**（conceptual schema processor）：組織体管理者により定義された概念スキーマの構文的かつ意味的チェックを行い，それをコンピュータが理解できる形式にコード化し，その結果できあがる概念スキーマ記述（conceptual schema description）をデータ辞書に格納する．内部スキーマプロセッサ（internal schema processor），外部スキーマプロセッサ（external schema processor）の機能も同様に規定される．

(b) **外部/概念データベース変換**（external/conceptual database transform）：データ辞書に格納されているアプリケーションシステム管理者が定義した外部スキーマと概念スキーマ間の変換情報を基にして，両スキーマ間のオブジェクトの対応関係を規定し，外部データベースをユーザに提供する．**概念/内部データベース変換**（conceptual/internal database transform）は，データベース管理者が定義した概念スキーマと内部スキーマ間の変換情報を基にして，概念データベースを（ファイルレベルの）内部データベースとして実現する．**内部データベース/内部記憶変換**（internal database/internal storage transform）は，データ辞書から供給される内部スキーマの情報とデータベースシステムやコンピュータシステム指定者（specifier, vendor というも可）からの情報を基にして，内部データベースと内部記憶間の対応関係を司る．なお，これらの変換によりデータ独立性（9.2 節）が達成される．

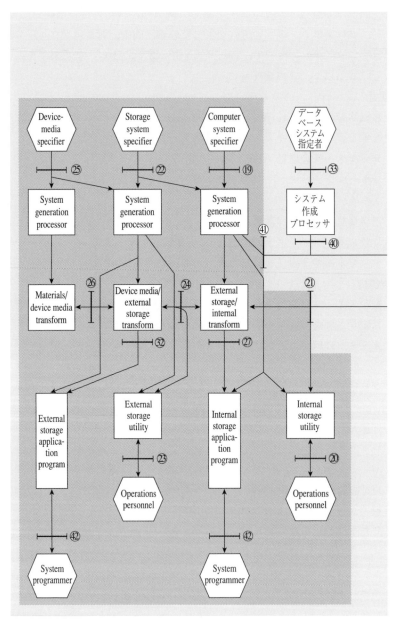

図 9.1　ANSI/X3/SPARC の DBMS の標準アーキテクチャ

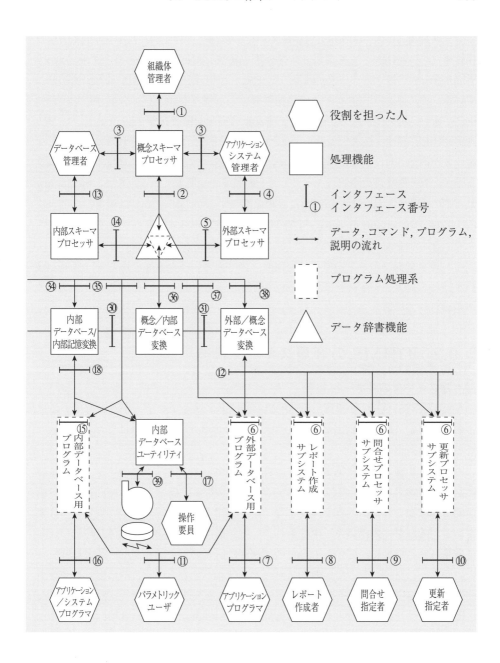

■データ辞書

データ辞書（data dictionary/directory, DD/D）：データベースに関する情報の保管庫（repository）でメタデータベース（meta database）である．上述の通り，外部スキーマ，概念スキーマ，内部スキーマ，それら間の変換定義が最低限格納されている．その他，データベースに格納されている様々なオブジェクト（リレーション，ビュー，インデックス，その他），アクセス権限や機密保護（security），ユーザ，障害時回復，課金，システム監査，などに関する情報，あるいはそれらに関連した文書などが格納されている．リレーショナル DBMS のメタデータ管理は本章末のコラム「メタデータ管理と情報スキーマ」でその概要を説明している．なお，dictionary は言葉の意味や用法などを解説した書物を意味するが，directory は職員録などの住所氏名録，telephone directory（電話帳）に代表されるように，データの対応関係を表したものを意味し両者の概念は異なる（telephone dictionary とはいわない）．

　なお，**インタフェース**の原義は中間面，境界面といった意味であるが，機能と機能がコミュニケーションをはかるための言語と考えてよい．42 個のインタフェースが定義されている．

9.2　DBMS の 3 層スキーマ構造

■3 層スキーマのサポート

　ANSI/X3/SPARC が提案した DBMS の標準アーキテクチャが意味していることのエッセンスは，DBMS は 3 層のスキーマをサポートしなければならないということである．

　図 9.2 に **3 層スキーマ構造**を示す．実世界はデータモデリングの結果，その構造と意味が**概念スキーマ**として DBMS に取り込まれる．概念スキーマはあくまで概念的な構成物なので，それを実現するには，実際のコンピュータ上で実装する必要がある．それが，**内部スキーマ**である．一方，概念スキーマは組織体管理者によって構築されるために，必ずしも全てのユーザに満足のいくデータベースとなっていないかもしれない．そこで，概念スキーマ上にユーザ好みの，目的に応じたデータベース空間を構築する．それが**外部スキーマ**である．外部スキーマ，概念スキーマ，内部スキーマを関係付けるために，外部スキーマ／概念スキーマ変換，概念スキーマ／内部スキーマ変換が必要である[2]．

---

[2] これら 2 つの変換はそれぞれ図 9.1 の外部／概念データベース変換と概念／内部データベース変換にあたる．

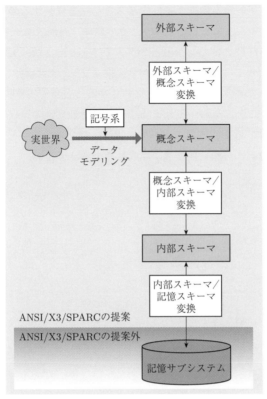

図 9.2　ANSI/X3/SPARC が提案した DBMS の 3 層スキーマ構造

さて，図 9.2 は図 9.1 を読み解くことで描けるが，大事なことはその意義である．それが，DBMS が 3 層のスキーマを堅持することによって，2 種類のデータ独立性：物理的データ独立性と論理的データ独立性を達成できて，DBMS が実装技術の進化や実世界の変化にきちんと対応できるということである．

■物理的データ独立性の達成

データベースは実世界をいかに忠実にモデル化するかという観点から論じられるべきものであって，データベースをどのように実装するのかという観点が先にあってはいけない，という主張が**物理的データ独立性**（physical data independence）の達成である．このことをフォーマルに述べてみる．

いま，実世界のモデリングの結果として得られた概念スキーマを C とする．その C を実装するために当初，例えば ISAM ファイルを用いて内部スキーマ I が構築されたとする．C と I との**概念スキーマ/内部スキーマ変換**を T とすると，$C = T(I)$

である．しかし，実装技術の進歩で，内部スキーマを実装するのにB^+木ファイルを使って実装し直すことにしたとしよう．その結果，内部スキーマはIからI'に変更になる（$I' = M(I)$とする）．一般に$C \neq T(I')$であるが，実装をB^+木で行ったことによる概念スキーマ／内部スキーマ変換をT'とすれば，$C = T'(I')$であるから，概念スキーマCには一切変化を生じさせることなく，DBMSの高効率化を達成できるということになる．これを物理的データ独立性の達成という．この様子を図9.3(a)に示す．なお，内部スキーマの変化は概念スキーマを実装する技術の変化なので，物理的データ独立性は常に達成可能と考えてよい．

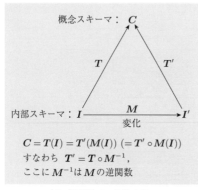

$$C = T(I) = T'(M(I))\ (= T' \circ M(I))$$
すなわち $T' = T \circ M^{-1}$，
ここにM^{-1}はMの逆関数

$$E = t(C) = t'(m(C))\ (= t' \circ m(C))$$
すなわち $t' = t \circ m^{-1}$，
ここにm^{-1}はmの逆関数

(a) 物理的データ独立性　　　　　　　　　　(b) 論理的データ独立性

図 9.3　データ独立性

■ 論理的データ独立性の達成

ユーザのアプリケーションプログラム群を，実世界の変化による概念スキーマの変化から不変に保つために**論理的データ独立性**（logical data independence）が考え出された．内部スキーマと概念スキーマを対比して，前者を物理的，後者を論理的とした命名である．大事な点は，まず一般にデータベース化の対象となった実世界は時間の経過と共に変化していく，という認識である．例えば，企業での組織変更は珍しいことではない．そして，リレーショナルデータベースでは，ビューという概念があり，それが丁度外部スキーマを実現する仕掛けになっている．したがって，リレーショナルデータベースでは，論理的データ独立性を論じる土壌ができ上がっている．このことをよりフォーマルに述べてみる．

いま，概念スキーマC上に**外部スキーマ/概念スキーマ変換**tにより，外部スキーマEがサポートされているとしよう．つまり，$E = t(C)$が成立しているとする．更に，実世界に変化が生じ，それを反映させるために，CをC'に変化させないと

いけないとしよう（$C' = m(C)$ とする）．このとき，一般に $E \neq t(C')$ なので，これまで E 上で開発されたアプリケーションプログラムは実行できなくなる恐れがある．そこで，t を適当に変化させて t' とすることにより，$E = t'(C')$ となさしめることはできないだろうか．もしそうならば，E 上のアプリケーションプログラム群にはいささかの変更を加えることなく概念スキーマを更新することができる．この様子を図 9.3(b) に示す．情報システム部門が行っている業務の 90% は既に開発したアプリケーションプログラムの保守作業に費やしているという報告をよく耳にするが，外部スキーマが上記のようにサポートできれば保守作業が大幅に軽減できると期待される．しかしながら，論理的データ独立性の達成には限界があり，それを次節で説明する．

9.3 外部スキーマの実現——ビューサポート——

リレーショナルデータベースでは，質問の結果がまたリレーションになるという特有の性質があるので，データベースに概念スキーマとして格納されているリレーション，これを**実リレーション**（base relation）といおう，を使って外部スキーマとしての**ビュー**（view）を"再帰的"に定義できる．定義されたビューの全体が外部スキーマをなし，論理的データ独立性を達成し得る．そこで，本節では，ビューの定義，更新可能性，そして論理的データ独立性達成の限界について論じる．

■ビューの定義

(1) 選択ビュー

リレーション 社員(社員番号, 社員名, 所属, 給与) から，給与値が 20 未満の社員のみを選択して，ビュー 貧乏社員 を定義する（ビューの定義は SQL による．以下同様）．

```
CREATE  VIEW  貧乏社員
AS
SELECT  *
FROM  社員
WHERE  給与 < 20
```

(2) 結合ビュー

リレーション 供給(仕入先, 部品) と需要(部品, 納入先) を結合して，ビュー 取引を定義する．

```
CREATE  VIEW  取引
AS
SELECT  X.仕入先,  Y.納入先
FROM  供給  X,  需要  Y
WHERE  X.部品＝Y.部品
```

■ビューの更新可能性

　ビューは仮想的なリレーションなので，更新できるビューもあれば，更新できないビューもある．それを例示する．

(1) ビュー 貧乏社員 は更新可能

　社長が貧乏社員を可哀想がって，貧乏社員の給与を 2 倍にする更新文は次の通りである．

```
UPDATE  貧乏社員
SET  給与＝給与 × 2
```

すると，この更新文は**質問変形**（query modification）と呼ばれる手法により，ビューの定義がそれを定義した基のリレーションへの条件として組み込まれて，次のような更新文に変換される．この更新文は問題なく実行でき，その結果として給与が 20 以上になった社員は貧乏社員ではなくなるだろう．すなわち，選択ビューは更新可能である．

```
UPDATE  社員
SET  給与＝給与 × 2
WHERE  給与 < 20
```

(2) ビュー取引は更新不可能

　ビュー 取引 の更新可能性を具体的に議論するために図 9.4 を示す．

　さて，ビュー 取引 からタップル (S1, D2) を削除したいとする．ビューは仮想的リレーションなので，この削除を実現するにはこのビューを定義するために使われた実リレーション 供給 と 需要 上の削除に変換されねばならない．この変換には次の 3 つの代替案がある．

　(1)　リレーション 供給 からタップル (S1, P2) を削除する．

　(2)　リレーション 需要 からタップル (P2, D2) を削除する．

　(3)　(1) と (2) を共に行う．

まず確認であるが，何れ（いず）の代替案でもビュー 取引 からタップル (S1, D2) だけを削除できる．しからば，どれかを適当に選択すればよいのであろうか？ 答えは，"否"（いな）である．その理由は，選択基準を設けられないからである．つまり，これら 3 つの代

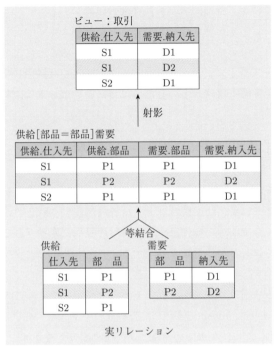

図 9.4　ビュー 取引

替案は，それぞれが実世界で持つ意味が異なり，(1) は "仕入先の S1 が部品 P2 を供給しなくなったこと"，(2) は "納入先の D2 が部品 P2 を必要としなくなったこと"，(3) は "(1) と (2) が共に発生したこと" を表しているので，どの代替案を選択するかは実世界で一体何が起きたのかを見極めた上で行われなければならない．しかし，ビュー 取引 からタップル (S1, D2) を削除したいという要求だけからではそれは同定できない．勝手な選択はデータベースの一貫性を失わせることになるから許されない．したがって，一般に結合ビューからのタップル削除は受け付けられない．

　このように，ビューの更新可能性は意味的問題となるので難しい．SQL でもビューの更新可能性が規格化されているが，更新が許されるビューの制約は強い．

■ 論理的データ独立性の達成の限界

　ANSI/X3/SPARC の提唱したデータベースの 3 層スキーマ構造は DBMS，とりわけビューを定義できるリレーショナル DBMS を構築する際の明快な指針となるものである．しかし，論理的データ独立性を達成するために必要な "外部スキーマ／概念スキーマ変換" には，外部スキーマとしてのビューを更新しようとする場合に，上記のように異状（＝ 意味的曖昧性）をきたす場合があり，制約的であるこ

とが分かった. ここが, 論理的データ独立性の限界である.

なお, リレーショナルデータベースでビューを外部スキーマとしてサポートできることはそのデータモデルが徹底的にフォーマルであることによる. 一方, ネットワークデータベースやオブジェクト指向データベースでは概念スキーマが物理的なデータ管理技術を色濃く反映しているためにビューサポートは困難である.

9.4　内部スキーマの実現——B$^+$木——

リレーショナルデータベースでは, 内部スキーマはリレーションの**実装モデル**を表す. 1枚のリレーションは1枚のファイルで内部表現されるのが普通である. したがって, リレーションへの操作はファイルへの操作に変換される. リレーションへ質問を発行するにしても, 更新を要求するにしても, どのタップルが質問や更新の対象になるのかをきちんと同定することから始まるから, ファイルから所望のレコードを同定する技術はリレーションの実装では必須となる. この技術は, ファイルの**アクセス法**（access method）として広く世の中で知られている. 本節では, 現在の DBMS で最もよく使われている **B$^+$木**（B$^+$-tree）を示す.

B$^+$木はファイルのレコードへの**多段インデックス**である. **インデックス**（index）とは索引であるが, 簡単にいえばレコードを同定する探索キー値とそのレコードの格納番地との対応表である. **多段**（multi-level）インデックスとは, その対応関係が**木構造**（tree structure）で表されているということである.

さて, B$^+$木は**根**（root）, **中間ノード**（intermediate node）, **葉ノード**（leaf node）からなる木である. 葉ノードからその探索キー値を持つレコードへのデータポインタが張られる. ノードの構造は, 中間ノードと葉ノードでは若干異なり, 根とそうでない中間ノードではポインタの持ち方の制約に違いがある. 一般に, **オーダ**（order）p（$\geqq 2$）の B$^+$木のノード構造を図 9.5 に示す（ここで, $q \leqq p$）. 図中, k_i は**探索キー値**を表し, p_j の類は**ポインタ**を表す. 探索キー値は $k_1 < k_2 < \cdots < k_q$ とソート順である. また, 根を除く中間ノードは, 少なくとも $\lceil p/2 \rceil$ 個の**木ポインタ**を持たねばならない[3]. 根はそれ自体が葉ノードでない限りは, 少なくとも 2 個の木ポインタを持たねばならない. また, 葉ノードの性質は中間ノードの性質に準じるが, p_{next} は B$^+$木の次の葉ノードへのポインタであり, 各葉ノードは少なくとも $\lceil (p-1)/2 \rceil$ 個の**データポインタ**を持たねばならない.

---

[3] $\lceil x \rceil$ は x を下回らない最小の整数を表す. 例えば, $\lceil 1.5 \rceil = 2$ である.

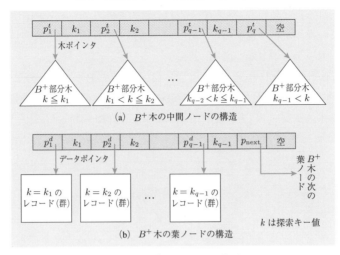

図 9.5 B$^+$ 木のノード構造

B$^+$ 木の特徴として葉ノードからのみデータを指す. また葉ノードは探索キーの値順に横並びとなるので, それを辿ると<ruby>辿<rt>たど</rt></ruby>るとあたかも**順序ファイル**（sequential file）のようなレコードアクセスができる.

さて, B$^+$ 木を作成するために, 探索キー値が k のレコード r を B$^+$ 木に挿入するアルゴリズムの概略を示す.

(1) レコード r が入るべき位置を（B$^+$ 木を根から<ruby>辿<rt>たど</rt></ruby>って）見つける. もしそのレコードが入るべき葉ノードに空があれば, そこに k と当該レコード r へのデータポインタの対（pair）を挿入する. もしその葉ノードが満杯であれば, オーバフローするので, ノードの分割処理を開始する.

(2) ノードを分割するにあたっては, 葉ノードの性質（各葉ノードは少なくとも $\lceil (p-1)/2 \rceil$ 個のデータポインタを持たねばならない）を満たすように留意する必要がある. このため, 一般に B$^+$ 木のオーダを p とするとき, ノードは $(p-1)$ 個のデータポインタで満杯になるので, 挿入すべき 1 ノード分を足して, p 個のデータポインタを分割することになる. そこで, 前半の $\lceil p/2 \rceil$ 個のデータポインタを元の葉ノードに残し, 残りを新たな葉ノードに移動させる. 新たな葉ノードのデータポインタ数は $p - \lceil p/2 \rceil$ $(\geqq \lceil (p-1)/2 \rceil)$ なので葉ノードの性質を満たしていることに注意する.

(3) 葉ノードの分割に伴い, 分割されたノードの親ノードに, 元の葉ノードに残った探索キー値の最大値を挿入する. もし親ノードに空があれば, レコード

の挿入はこれで終わる．もし空がなければ，この親ノードを分割する必要がある．この操作が繰り返される．もし根が満杯であれば，根が分割され，その結果 B$^+$ 木の深さがひとつ増す.

さて，ファイルへのレコード挿入に伴いオーダ 3 の B$^+$ 木がどのように作られていくか，すなわち生長していくかを，最初は空のヒープファイル 社員(社員番号，名前) に，6 本のレコード (20, 青木)，(7, ボンド)，(13, ゴルゴ)，(2, 山本)，(10, 中田)，(8, キム) がこの順に挿入されていくとして例示してみる．この様子を図 9.6 に示す.

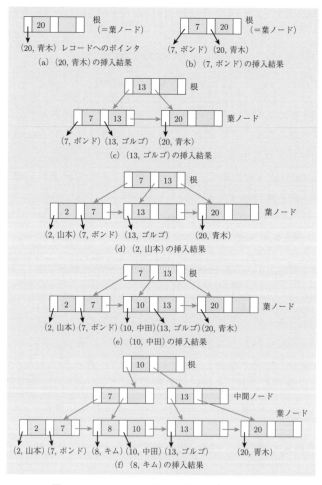

図 9.6　レコードの挿入に伴う B$^+$ 木の生長

　B$^+$ 木はレコードが挿入された順に生長していくから，挿入するレコードの集合が同じでも，レコードの挿入順が異なると異なる B$^+$ 木となる（本章の章末問題 3 で確かめよ）．

　なお，ファイルのアクセス法は B$^+$ 木だけではない．スキャン，サーチ（2 分探索やブロック探索），ISAM インデックス，ハッシュ法など様々である．B$^+$ 木が使われる理由は，木が**平衡している**という性質を持っているからである．これはどのようなレコードへもアクセスパスの長さが等しいという性質で，しかもその性質はレコードの挿入や削除により木の構造が動的に変化しても失われない．データベースには更新が付きまとうから，**平衡木**（balanced tree）としての性質は重宝される．

第 9 章の章末問題

　問題 1　下図は ANSI/X3/SPARC の DBMS の 3 層スキーマ構造の説明図の一部である．次の問いに答えなさい．
- （問 1）　データベース管理者，組織体管理者，アプリケーションシステム管理者の役割を述べなさい．
- （問 2）　図の中央の三角形は何か，その名称と機能をできるだけ具体的に述べなさい．
- （問 3）　3 層スキーマとは何か，それらの名称を記すと共に，DBMS が 3 層スキーマをどのようにサポートするのか，図と関連させて説明しなさい．
- （問 4）　3 層スキーマをサポートすることの意義を，必要とあらば図式を示して説明しなさい．

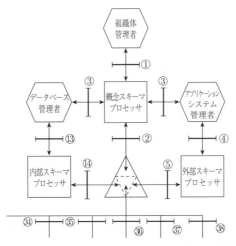

ANSI/X3/SPARC の DBMS の 3 層スキーマ構造の説明図の一部

問題2 ビューは一般に実リレーションではないので更新可能性が問題となる．つまり，ビューは常に更新可能という訳ではない．そこで，4.1節で示したリレーション テニス部員 と サッカー部員 を使ってそれを検証することとした（リレーション テニス部員 と サッカー部員 は図4.1の通りとする）．次の問いに答えなさい．

(問1) 和集合演算を使って定義される テニス部員 と サッカー部員 の和ビュー 運動部員 ＝ テニス部員 ∪ サッカー部員 は挿入可能ではない．これはどういうことか？

(問2) 差集合演算を使って定義される テニス部員 と サッカー部員 の差ビュー テニス好き部員 ＝ テニス部員 − サッカー部員 は削除可能ではない．これはどういうことか？

(問3) 共通集合演算を使って定義される テニス部員 と サッカー部員 の共通ビュー 掛持ち運動部員 ＝ テニス部員 ∩ サッカー部員 は削除可能ではない．これはどういうことか？

問題3 B^+ 木について次の問いに答えなさい．

(問1) 探索キー値が1，2，3，4，5，6，7のレコードを最初は空のヒープファイルにこの順で挿入したときに，結果として得られる B^+ 木を示しなさい．ここに，B^+ 木のオーダは3とする．

(問2) 探索キー値が1，2，3，4，5，6，7のレコードを最初は空のヒープファイルにこの "逆" 順で挿入したときに，結果として得られる B^+ 木を示しなさい．ここに，B^+ 木のオーダは3とする．

(問3) 探索キー値が4，1，2，7，6，3，5のレコードを最初は空のヒープファイルにこの順に挿入したときに，結果として得られる B^+ 木を示しなさい．ここに，B^+ 木のオーダは3とする．

コラム　メタデータ管理と情報スキーマ

データベース管理システムの三大機能は，メタデータ管理，質問処理，トランザクション管理であるが，ここでは**メタデータ管理**について述べておく．ユーザが初めてデータベースシステムを使おうとしたとき，一体このシステムにはどのようなデータがどのように格納されているのか知る由もない．リレーショナル DBMS ではその手がかりとなるメタデータをまたリレーションを使って管理している．例えば TABLES というリレーションはその DBMS が管理している全てのリレーションを自分（すなわち TABLES）も含めて記録している（この性質を**自己記述的**（self-descriptive）という）．したがって，SELECT ∗ FROM TABLES という SELECT 文を発行すると，システムにどのようなリレーションがあるか，全て分かることになる．SQL ではこの考えのもとに，情報スキーマとしてメタデータが管理されている．

第10章
質問処理の最適化

リレーショナルデータモデルは極めて論理的で抽象度が高く，リレーショナルデータベースへの質問は非手続き的（non-procedural）に書き下されるので，リレーショナル DBMS はその質問が実システムの上でできるだけ速く処理されるように実行プランを立てなければならない．この処理を質問処理の最適化（query optimization）という．本章ではそのエッセンスを述べる．

10.1　質問処理とは

質問処理（query processing）とはリレーショナル DBMS がユーザによって与えられた質問（query，問合せ）を処理して所望の結果リレーション（SQL では導出表）を返すことである．より具体的には質問として与えられる SELECT 文を次の4段階に分けて処理することをいう．

(1)　質問を構文解析する．
(2)　最適化を行う．
(3)　内部スキーマレベルのオブジェクトコードを生成する．
(4)　オブジェクトコードを実行し導出表を得る．

図 10.1 に質問処理の流れを示す．**構文解析器**（parser）は質問として発行された SELECT 文の構文（syntax）を解析して，正しいならば構文解析木（parse tree）を出力する．図 10.2 に質問 Q_1 とその構文解析木の例を示す．構文解析木の部分木である WHERE 木は**連言標準形**（conjunctive normal form）で表す．そうすると，一般に X_1 AND X_2 AND $\cdots$ AND X_n が真になるのはすべての乗数（conjunct）X_i が真のとき及びそのときの

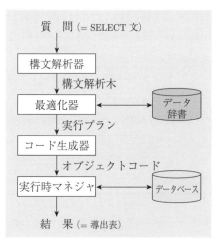

図 10.1　質問処理の流れ

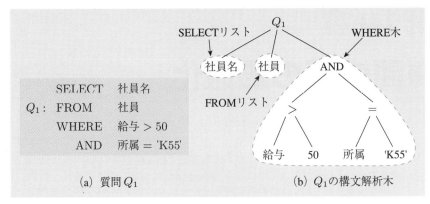

(a) 質問 Q_1　　　　　　　　(b) Q_1 の構文解析木

図 10.2　質問とその構文解析木

みであるから，どれかひとつでも偽になれば全体が偽になるので，質問 Q_1 を評価する場合，どれかが偽になれば質問処理全体を中止できるという利点がある．また並列処理も可能となる．

　最適化器（optimizer，オプティマイザ．プランナ（planner）と称する DBMS もある）は構文解析木を入力として，質問処理コストが最小の**実行プラン**（execution plan）をひとつ生成する．このとき，データ辞書にメタデータとして格納されている様々な統計値を参照する．コード生成器（code generator）はそれに基づき，実行可能なオブジェクトコードを生成する．実行系を司る**実行時マネジャ**（run-time manager）は，データベースのデータをアクセスしながらコードを実行し結果をユーザに返す．

　リレーショナル DBMS において，最適化器の果たす役割は極めて重要である．これまで繰り返し述べてきたが，リレーショナルデータベースの大きな特徴は，ユーザは質問を SQL を使って"非手続き的"に書き下せるということであった．つまり，ユーザは WHAT（何がほしいのか）を書き下せばよく，HOW（所望のデータをどのような手続きでとってくるかというプログラム）を書き下す必要はないということであった．しかし，リレーショナルデータベースの実装レベルに目を移すと，現在のコンピュータシステムでは，ファイルアクセスを見れば分かるように，あらゆるデータ処理は手続的にしか行われない．つまり，非手続き的な**ソースコード**としてのユーザのリレーショナルレベルの質問（＝ SELECT 文）は，リレーショナル DBMS の責任において，それと等価な内部スキーマレベルの手続き的**オブジェクトコード**に変換されねばならないのである．

　さて，この変換において，ひとつのソースコードに対してそれと等価な，すなわ

ち同じ結果を返せるオブジェクトコードは，様々な理由から一般には複数存在し得る．更に，それら代替案の処理コストも様々に変化する．つまり，処理コストが嵩むオブジェクトコードもあればそうでないオブジェクトコードもあるので，リレーショナル DBMS はそれらの中から処理コストが最小となるものを実行前に "推定" して選択し，それを実行プランとする必要がある．これが質問処理の最適化器の仕事である．

最適化器の仕事がなぜ大変なのかは，例えばリレーション 1 枚を対象とした単純質問の処理を考えただけでもその一端を知ることができる．所望の結果リレーションを返すのに，リレーションを実装しているファイルをスキャンした方が質問の処理コストが安いのか，あるいは B$^+$ 木を使った方が安いのか，様々な場合の処理コストを推定しないといけない．結合質問になると 1 枚のファイルをどうアクセスするかだけではなく，2 枚，あるいは 3 枚といったリレーションの "結合"（join）をどのような方法で行うのが最も安価なのか，あらゆる場合を想定してその実行プランをひとつ作成しなければならない．入れ子型質問の処理コストの推定がより複雑になることは言を待たない．最適化器の設計はリレーショナル DBMS ベンダが最も腐心するところである．

10.2　単純質問の処理コスト

質問処理コストの推定をするにあたって，その前段階として質問処理コストとは何かを理解しておくことが必要である．まず，**単純質問の処理コスト**について見てみる．簡単な単純質問の一例を図 10.3 に示す．ここで，リレーションを $R(A, B)$ とする．

$$Q_2 : \begin{array}{l} \text{SELECT} \ * \\ \text{FROM} \ R \\ \text{WHERE} \ A=\text{'a'} \end{array}$$

図 10.3　簡単な単純質問の例

明らかに，この質問 Q_2 はリレーション R のタプルの中で，その属性 A の値が a であるものを全て導出表として返してください，というものである．したがって，リレーショナル DBMS としては，リレーション R を実装しているファイル（これも R と書くことにしよう）のレコードでフィールド A の値が a であるものを全て取り出し，まとめてユーザに返せばよい．この質問処理コストの基本的な考え方を以下に示す．

そこで，ファイル $R(A, B)$ は，**スキャン**（scan）か**インデックス**（例えば **B$^+$ 木**）を使ってアクセス可能であるとしよう．すると，次の何れかが考えられる．

(1)　$R(A, B)$ にインデックスは定義されていない．したがってアクセスはスキャンのみ．

(2)　$R(A, B)$ にインデックスが定義されている．この場合，更に3つに場合分けされる．

    (a)　フィールド A 上にのみインデックス XA が定義されている．

    (b)　フィールド B 上にのみインデックス XB が定義されている．

    (c)　フィールド A と B 上にそれぞれインデックス XA と XB が定義されている．

まず，(1) の場合，ファイル R のレコードが格納されている全ての**データページ**を**フェッチ**（fetch）してきて，R のレコードを一本一本チェックし，そのフィールド A の値がaならば結果として返す（これがスキャン）．当然，**ページ**（**ブロック**というも同じ）を必要なだけフェッチするのでディスクの**I/O コスト**（単位はフェッチしたページ数）がかかる（これを C_{data} とする）．更に，フェッチしたページから R のレコードを抜き出し，その A 値をチェックし，aなら結果とするために**CPU コスト**（単位は秒）がかかっている（これを C_{cpu} とする）．したがって，この場合の質問処理コストは次のようになる．ここに，ω は秒をページ数に変換する**重み係数**である．

$$C_{\mathrm{scan}} = C_{\mathrm{data}} + \omega \times C_{\mathrm{cpu}}$$

次に，ファイル R のアクセスパスが (2)(a) の場合であったとすれば，質問はインデックスがあるもののスキャンで処理するか，あるいはこのインデックス XA を使って処理するか，何れかで行える（実際にどちらで行うかは質問処理コストを推定して安価な方で行う）．インデックス XA を使う場合のコストは，インデックス XA が格納されている**インデックスページ**をアクセスして A 値がaのレコードが格納されているデータページの番地を知るのにインデックスページを何ページフェッチしたか（これを C'_{index} とする），その結果，A 値がaのレコードが入っているデータページを何ページフェッチしたか（これを C'_{data} とする），そして，CPU を何秒使ったか（これを C'_{cpu} とする），で決まる．この場合の質問処理コストは次のようになる．

$$C_{\mathrm{index}} = C'_{\mathrm{index}} + C'_{\mathrm{data}} + \omega \times C'_{\mathrm{cpu}}$$

もし，ファイル R のアクセスパスが (2)(b) の場合には，基本的考え方は (2)(a) の場合と同じであるが，大きな違いは，インデックス XB は探索条件 $A = $ 'a' と調和（match）していないので，その（葉）ページを全てアクセスし，かつそれらから指されているデータページを全てアクセスしなければならない点である．

もし，ファイル R のアクセスパスが (2)(c) の場合には，スキャンで処理する，インデックス XA を使って処理する，インデックス XB を使って処理するという3つ

の処理法がある．インデックスを使った場合，インデックス XA を使うのか，XB を使うのかで一般に処理コストは異なるが，この例ではインデックス XA は探索条件 $A = \text{'a'}$ と調和しているので，XA を使った方がインデックス XB を使った場合より安価であろうが，最終的にどの代替案が選ばれるかは最適化器が決定する．

図10.4 に，主記憶–2次記憶階層記憶システムアーキテクチャのもとにリレーションとインデックスがデータベースに格納されている様子を示す．インデックスをアクセスするにしろ，リレーションをアクセスするにしろ，2次記憶からページを主記憶にフェッチしないと質問処理は行えないから，そこでコストが嵩む．ベンダによるが，質問処理のコスト計算にあたり，I/O コストは考慮するが（通常，ページ1枚をフェッチするのに数十 ms かかる），CPU コストを無視した実装例も見受けられた．なお，図中 R のセグメントとは R のレコードを格納しているデータページからなるデータ領域をいう（XA のセグメントも同じ）．

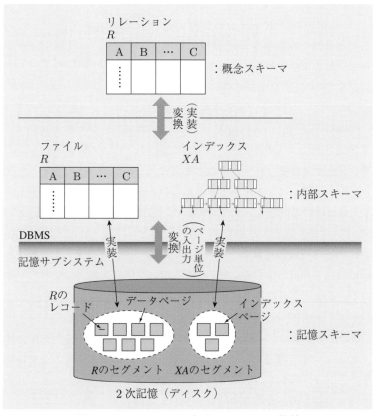

図10.4 リレーションとインデックスの格納

10.3　結合質問の処理コスト

　本節では，結合質問の処理コストを見てみる．次に示す 3 つの手法は結合質問を
処理するためにしばしば使われる．

- 入れ子型ループ結合法
- ソートマージ結合法
- ハッシュ結合法

上 2 つは結合条件がどのような比較演算子（=，≠，<，>，≦，≧）であっても機
能するが，ハッシュ結合法は等結合（=）の場合でのみ有効である．本節では入れ
子型ループ結合法とソートマージ結合法で**結合質問**を処理した場合の**処理コスト**を
調べる．

■ 入れ子型ループ結合法

　いま，リレーション $R(A, B)$ とリレーショ
ン $S(B, C)$ の自然結合 $R * S$ をとりたいと
する．このときリレーションの結合順に意味
を持たせて，R をアウタリレーション（outer
relation），S をインナリレーション（inner
relation）という．このとき，**入れ子型ループ**

```
for each t in R
    for each t′ in S
            such that t[B] = t′[B]
        compute t * t′
end
```

図 10.5　入れ子型ループ結合法

結合法（nested loop join method）は図 10.5 の擬似コードで書かれたプログラム
のように定義される．入れ子型ループ結合法では，**インナリレーションの結合属**
性上にインデックスが張られていることを前提としている．こうすると，アウタリ
レーションのタップルは 1 本 1 本とってこなければならぬことは仕方のないことで
あるが，それと結合可能なインナリレーションのタップルは，リレーション S の属
性 B 上のインデックス $XS.B$ が定義されていると，丁度 t と自然結合可能な S の
タップル $t′$ のみを結合の対象としてとってこれるので，直積をとる際に生じる無駄
が最大限に排除される．この結合法の名称は S が R に入れ子になっている様子か
らきている．このときのコストは次のようになる．

$$C_{nlj} = C_R + N \times C_S + \omega \times C_{cpu}$$

ここに，C_R はアウタリレーション R をアクセスするコスト，N は R のタップル
のうち S のタップルと結合可能なタップル数，C_S はインデックス $XS.B$ を使って
アウタリレーションの 1 本のタップルと結合可能なインナリレーション S のタップ
ルを全てとってくるのに要する平均コストである．

■ ソートマージ結合法

マージ（merge）とは2つのソートされたリスト（list）を併合してひとつのリストとなすファイル操作である．したがって，リレーション $R(A, B)$ とリレーション $S(B, C)$ をソートマージ結合法（sort-merge join method）で結合する場合には，R と S がその結合属性（join attribute，この場合 $R.B$ と $S.B$）上で共に昇順あるいは降順でソートされていることが前提となる（もしソートされていなければソートを施すが，その分コストは嵩むことになる）．ソートマージ結合法で自然結合をとるアルゴリズムの動きをシミュレートした様子を図 10.6 に例示する．大事なことはソートされたリレーションのタップルを指示するポインタが3つ必要な点である．このうちのひとつ，P_3 はプレースホルダ（placeholder）と呼ばれる．実際のタップルの自然結合はポインタ P_1 と P_2 の指すタップル同士でとられている．アルゴリズムの動きは次のようである．

① P_1 と P_2 が交信する．P_1 は自分の結合属性値が1で，P_2 の現在の結合属性値は2であることを知る．したがって，P_1 は自分がひとつ下に下るべきと判断する．

② 交信すると，結合ができることを知る．

③ 結合を計算する．

④ P_1 が現在指しているタップルと，S の次のタップルとが結合できるかもしれないので，P_2 は P_3 に現在の場所を動くなと指示して（だからプレースホルダという），ひとつ下に動く．そこで P_1 と P_2 が交信すると，結合できることを知る．

⑤ 結合を計算する．

⑥ P_2 は更にひとつ下に行く．P_1 と P_2 は交信して，最早結合の可能性のなくなったことを知る．

⑦ そこで，P_1 が1つ下におりる．そして，P_1 と P_2 が交信する．その結果，P_2 は P_3 の位置に戻るべきと判断する．

⑧〜⑫ は ②〜⑥ と同様な動き．

⑬ そこで，P_1 が1つ下におりる．そして，P_1 と P_2 が交信する．その結果，P_2 は P_3 に自分のところに合流するように指示する．

⑭ P_1 と P_2 が交信する．その結果，P_2 は P_3 を引き連れて，1つ下におりる．

⑮ P_2 はファイルの終わり（EOF, end of file）を見て，このアルゴリズムは終了する．

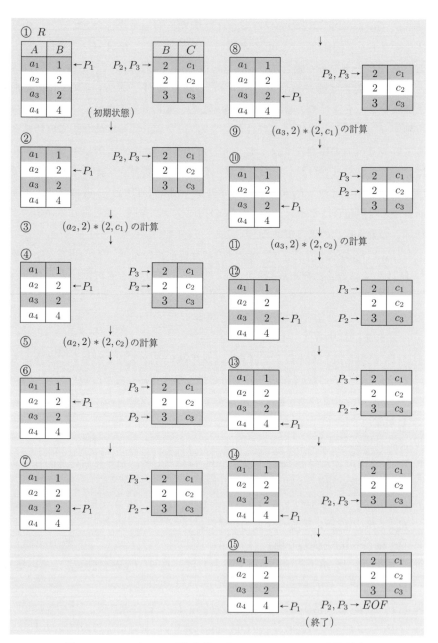

図 10.6　ソートマージ結合法によるリレーションの自然結合

読者は R と S が結合属性 B 上でソートされているお陰で必要最小限のポインタの動きで自然結合が行われていく様を理解できよう.

この結合法のコストは次のようになる. ここに, L_1, L_2 は各々 R と S を結合属性上でソートして得られた結果を表す.

$$C_{\mathrm{smj}} = C_{\mathrm{sort}}(R) + C_{\mathrm{sort}}(S) + C_{\mathrm{merge}}(L_1, L_2) + \omega \times C_{\mathrm{cpu}}$$

10.4 質問処理コストの推定

前節まで, 単純質問と結合質問の処理コストをどう計算するか学んだ. 本節では, そこで示された考え方を基礎に, 質問処理コストをどう**推定** (estimate) するか論じる. 最適化器はユーザが発行した質問を最小コストで処理してやりたい訳だが, 処理してみないとコストが分からないのではその目的を達し得ない. いかに正確に処理コストを実行前に推定できるかがリレーショナル DBMS の腕の見せ所である.

そこで, 再び図 10.3 で示した典型的な単純質問を例にとり, 質問処理コストの推定を行いたい. 例とした単純質問 Q_2 は次の通りである.

$$Q_2: \quad \begin{array}{l} \text{SELECT} \ * \\ \text{FROM} \ \ R \\ \text{WHERE} \ \ A = {}'\mathrm{a}{}' \end{array}$$

リレーショナル DBMS は質問処理コスト推定のために, リレーションやインデックスに関する様々な統計値をデータ辞書でメタデータとして管理している. 例えば, リレーション R と, その属性 A 上にインデックス XA が定義されていれば, メタデータとして次のような統計値が保存されている.

- NCARD(R):R の総レコード数
- TCARD(R):R のデータページの総数
- ICARD(XA):インデックス XA の異なるキー値の数 (これはファイル R の異なった A 値の数に等しい)
- NINDX(XA):インデックス XA のインデックスページの総数

■ クラスタードインデックスと非クラスタードインデックス

さて, 推定コストは使用するインデックス, この場合インデックス XA がクラスタードインデックスか否か, で変わってくる.

ここに, インデックス XA が**クラスタード** (clustered) であるとは, ファイル R のレコードがフィールド A の値の大きさ順 (昇順あるいは降順) に物理的に連続してページ (= ブロック) に格納されているときをいう (したがって, 効率よくレコー

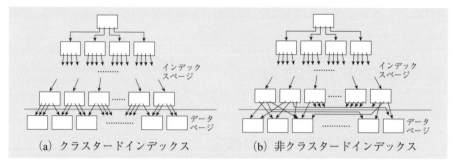

図 10.7 クラスタードインデックスと非クラスタードインデックス

ドをアクセス可能である）．図 10.7 にクラスタードインデックスと非クラスタード
インデックスの違いを概念的に示す．

● **インデックス** ***XA*** **がクラスタードインデックスの場合の推定コスト**

　この場合の単純質問 Q_2 の推定処理コストは次式で表される．

$$\frac{1}{\text{ICARD}(XA)} \times (\text{NINDX}(XA) + \text{TCARD}(R)) + w \times C_{\text{cpu}}$$

ここに，1/ICARD(XA) は**選択係数**（selectivity factor）と呼ばれている．例えば，
ファイル R のレコードのフィールド A の値に a，a'，a'' の 3 つしか現れていない
ときに $A = $'a'を指定されれば，ICARD($XA$) ＝ 3 であるから，平均して 3 分の 1
の R レコードが $A = $'a'の条件を満たすであろうから，この確率に比例したイン
デックスページとデータページがフェッチされるであろうと考える[1]．

　つまり，上記の式が "推定" コストを表している所以は，その選択係数にある．属
性 A の値が a であるタップルが何本あるかは時々刻々と変化するであろうし，A の
異なった値の数が 3 だからといって，3 分の 1 のレコードが値として a を持つであ
ろうというのも，とてつもなく乱暴に聞こえる．しかし，選択係数を考えたから結
果リレーションのタップル数も推定でき，その結果どれほど CPU コスト C_{cpu} がか
かるかも推定できるようになったのである（IBM San Jose 研究所で開発されたリ
レーショナル DBMS のプロトタイプ System R では経験則から C_{cpu} を結果リレー
ションのサイズに比例させて推定していた）．

● **インデックス** ***XA*** **が非クラスタードインデックスの場合の推定コスト**

　この場合の単純質問 Q_2 の推定処理コストは次式で表される．

---

[1] この仮定はあくまで第 1 次近似である．例えば1,000 人社員がいて，属性 職種 のとる値は社
　長，SE，プログラマの3つだったとすると，333 人社長がいることになり，おかしい．

$$\frac{1}{\text{ICARD}(XA)} \times (\text{NINDX}(XA) + \text{NCARD}(R)) + w \times C_{\text{cpu}}$$

XA がクラスタードの場合との違いは，括弧の中の第 2 項の $\text{TCARD}(R)$ が $\text{NCARD}(R)$ に変わっている点である．これは，非クラスタードインデックスでは，R のレコード 1 本に対してデータページを多分 1 枚フェッチしないといけないであろうからである．

　結合質問の処理コストの推定は，まず，結合するリレーション 1 枚 1 枚につき，アクセスパスを列挙してアクセスコストに関する条件を設定する．それらを考慮しながら，結合を入れ子型ループ法で行ったとするとコストはいくらになるだろうか推定する．同様にソートマージ結合法で行った場合のコストを推定する．全ての可能性にあたって，その中で一番安価と推定された案で実行プランを作成する．

　なお，入れ子型質問のコストやその推定は副問合せが相関を有しない場合と有する場合に分けて行うが，単純質問や結合質問の場合と比べてより入り組んだアプローチとなる．

第 10 章の章末問題

　問題 1　リレーション $R(A, B)$ と $S(B, C)$ の自然結合 $R * S$ をソートマージ法で求めるために，R にポインタ P_1，S にポインタ P_2，P_3，ここに P_3 はプレースホルダとする，を設定した（ポインタは最初 R と S の先頭レコードを指しているとする）．R と S は下に示す通りとして，ソートマージ結合法で $R * S$ をとるアルゴリズムの動きをシミュレートした様子を示しなさい．

R

A	B
a_1	2
a_2	3
a_3	3
a_4	5
a_5	6
a_6	8

S

B	C
1	c_1
3	c_2
3	c_3
4	c_4
4	c_5
6	c_6
9	c_7

　問題 2　下に示しているのはリレーション $R(A, B)$ と $S(B, C)$ の自然結合を S をアウタリレーションとして入れ子型ループ結合法でとる擬似プログラムである．(ア)～(エ) を埋めてプログラムを完成させなさい．

```
for each t in (ア)
    for each t′ in (イ)
        such that (ウ)
        compute (エ)
    end
```

問題 3 リレーショナル DBMS が SQL による問合せを処理する場合，その処理コスト が最小になるように質問処理の最適化が行われる．さて，リレーション $R(A, B, C)$ で， B 上にインデックス XB が張られており，処理しようとする問合せ Q は次の通りとする．

$$Q：\begin{array}{l} \text{SELECT} \quad * \\ \text{FROM} \quad R \\ \text{WHERE} \quad B='\text{b}' \end{array}$$

また，コスト推定のための統計値は次の通りとする．

NCARD(R)：R の総タップル数
TCARD(R)：R のデータページの総数
ICARD(XB)：異なった B 値の数
NINDX(XB)：XB のインデックスページの総数
tc：結果リレーションのタップル数の推定値

次の問いに答えなさい．

(問 1) XB がクラスタードインデックスの場合，XB を使った Q の質問処理コスト C はどのように推定されるか，推定コストの算出式を示し，適当な説明を加えな さい．

(問 2) XB が非クラスタードインデックスの場合，XB を使った Q の質問処理コスト C はどのように推定されるか，推定コストの算出式を示し，適当な説明を加え なさい．

問題 4 リレーション $R(A, B)$ と $S(B, C)$ の結合をとる次の SQL 文を処理することを 考える．

```
SELECT  *
FROM  R, S
WHERE  R.B=S.B
    AND  R.B=10
```

このとき，属性 B 上にはそれぞれクラスタードインデックス $XR.B$ と $XS.B$ が定義され ているとする．また，リレーションとインデックスに関する統計値は次の通りとする．

NCARD(R)=10000	NCARD(S)=20000
TCARD(R)=1000	TCARD(S)=2000
ICARD($XR.B$)=5000	ICARD($XS.B$)=5000
NINDX($XR.B$)=100	NINDX($XS.B$)=100

リレーションの結合は入れ子型ループ法で行うとして，考えられる実行プランとそのコス トを列挙して，最適プランを示しなさい．なお，R の各タップルに対して結合をとれる S のタップルが必ず存在し，逆も成立するとする．また，CPU コストは無視してよい．

コラム　ヒューリスティックス

　質問処理の最適化はノウハウやヒューリスティックス（heuristics，発見的手法）の塊でもある．例えば，次に示す $R(A, B)$ と $S(B, C)$ の結合質問の処理は，まずリレーション R を $A = {}'\text{a}'$ で選択してから S との直積を行う．R と S の直積をとってから選択演算を行わない．

```
    SELECT  *
    FROM  R, S
    WHERE  R.B=S.B
        AND  R.A='a'
```

第11章
トランザクション

　トランザクションとはアプリケーションプログラムレベルでのデータベースに対する仕事の単位である．トランザクションという概念がデータベースに導入されて，初めてデータベースの一貫性（consistency）という概念がはっきりしたし，それにより（トランザクション指向の）障害時回復（recovery）の全貌が明らかになり，組織体の共有資源としてのデータベースに同時に多数のユーザがアクセスしてそれぞれに不都合のない仕事ができることを約束する同時実行制御（concurrency control）の概念をはっきりさせることができた．その意味で，トランザクションという概念を理解しないで，データベースの管理・運用は語れない．

11.1　トランザクションとは

　トランザクション（transaction）とはデータベースに対する**アプリケーションプ**ログラムレベルでのひとつの原子的な作用をいう．ここで，**原子的**（atomic）とはこれ以上分解できないという意味であり，**作用**（action）とは具体的にデータの**読みや書き**（read/write，読込み／書出し）からなる一連の操作をいう．アプリケーションプログラムレベルでの，と特に断ったことが大事で，通常，DBMS レベルでデータベースに対する原子的な作用は，SQL でいえば質問のための SELECT 文や更新のための INSERT 文か DELETE 文か UPDATE 文であるが，アプリケーションプログラムレベルではそれらひとつひとつは一般には意味を持たず，それらの幾つかを組み合わせて，初めて意味のあるデータベースへの作用ができ上がり，それをトランザクションと呼ぼうといっているのである．

　振替送金はトランザクションの典型例として知られている．図 11.1 にそのプログラムの概要を示す（ちなみに，このプログラムは汎用プログラミング言語 PL/I に SQL を埋め込んだ PLI/SQL（プライエスキューエル）で書かれている）．このトランザクションでは，A 氏の口座から B 氏の口座へ 100 万円振替送金する．そのためには，次の 3 つのステップを踏まなくてはならない．

（ステップ 1）　A 氏の口座の残高が，100 万円以上であれば，ステップ 2 へ行く．

```
TRANSFER: PROCEDURE OPTIONS (MAIN);  ← プログラムの開始
          DCL 依頼人 FIXED DEC (6,0);
          DCL 受取人 FIXED DEC (6,0);
          DCL 金額   FIXED DEC (9,0);
          DCL X      FIXED DEC (9,0);
          GET(依頼人, 受取人, 金額);
          EXEC SQL BEGIN TRANSACTION; ← トランザクションの開始
          EXEC SQL SELECT 残高
                   INTO X
                   FROM 口座
                   WHERE 口座番号 = 依頼人;
          IF X － 金額 < 0 THEN GO TO UNDO
          ELSE DO;
              ┌ EXEC SQL UPDATE 口座
          (a) │       SET 残高 = 残高 － 金額
              └       WHERE 口座番号 = 依頼人;
              ┌ EXEC SQL UPDATE 口座
          (b) │       SET 残高 = 残高 ＋ 金額
              └       WHERE 口座番号 = 受取人;
              EXEC SQL COMMIT; ←トランザクションの終了（コミット）
              END;
          GO TO EXIT;
    UNDO: DO;
          PUT LIST ('残高不足');
          EXEC SQL ROLLBACK; ← トランザクションの終了（アボート）
          END;
      EXIT: END TRANSFER; プログラムの終了
```

図 11.1 振替送金トランザクション

もしそうでなければ，残高不足を通知してこのトランザクションを棄却する．

(ステップ2) A氏の口座の残高（これを BalA としよう）が 100 万円以上であるので，A氏の口座の残高を BalA － 1,000,000 と更新する．

(ステップ3) 続けて，B氏の口座の残高（これを BalB としよう）を BalB ＋ 1,000,000 と更新する．

大事な点は，ステップ1がクリアされた後は，ステップ2の実行に続いてステップ3が確実に実行されないといけないことである．もし，ステップ2は実行された

ものの，ステップ3が実行されないと，A氏は100万円引かれ損となる．もし，何らかの理由で，ステップ2が実行されずにステップ3のみが実行されても，奇妙なことになる．この意味で，振替送金トランザクションはこれ以上分解できない．これが原子的といった意味である．

さて，図11.1のトランザクションを見てもうひとつ分かることは，振替送金をするプログラムの中で，トランザクションの開始と終了が明確に表されていることである．トランザクションの開始は EXEC SQL BEGIN TRANSACTION 文で明示されている．もし，（振替送金の）依頼者の残高が不足していれば，残高不足を依頼者に示して，トランザクションは EXEC SQL ROLLBACK 文で終了する．この場合，このトランザクションがいったんは自分の口座の残高を読むために SELECT 文を実行したということまで含めてデータベースに残した痕跡を全て消去して，つまり実行しなかったことにして，終了する．これは，トランザクションの原子性という性質による．この場合，トランザクションは**アボート**（abort）されたという．一方，残高が足りていれば，一連の更新を行ってトランザクションは EXEC SQL COMMIT 文で終了する．この場合，トランザクションは**コミット**（commit）したという．つまり，仕事を完遂したわけである．なお，トランザクションを定義しているプログラムに何らかの不備があり，トランザクションは開始されたが終了に至らず宙に浮いている状態が考えられる．この場合，DBMS は，例えば**時間切れ**（timeout）などの手法でそれを検知して，トランザクションを強制的にアボートする．

11.2　データベースの一貫性

データベースは実世界の "写絵" であると繰り返しいってきた．この意味するところは，データベースに保存されているデータの状態が，世の中の状態と "矛盾" していてはいけないという意味である．例えば，社員を表すためにリレーション 社員(社員番号, 社員名, 年齢, 給与) が定義されており，いま社員 山田太郎 の年齢が 25 であれば，データベースのリレーション 社員 でも年齢は 25 と記録されていなければならないということである．

前節で示した振替送金のときにもデータベースの**一貫性**に十分注意が払われないといけない．その一貫性を保証する仕掛けがトランザクションの導入であった．いま，2つのトランザクションを考えてみよう．ひとつは図11.1の振替送金で，もうひとつは図11.2に示される引出しトランザクションである．

```
WITHDRAWAL: PROCEDURE OPTIONS (MAIN);  ← プログラムの開始
          DCL 依頼人 FIXED DEC (6,0);
          DCL 金額   FIXED DEC (9,0);
          DCL X     FIXED DEC (9,0);
          GET(依頼人, 金額);
          EXEC SQL BEGIN TRANSACTION; ← トランザクションの開始
          EXEC SQL SELECT 残高
                   INTO X
                   FROM 口座
                   WHERE 口座番号 = 依頼人;
          IF X − 金額 < 0 THEN GO TO UNDO
          ELSE DO;
                   EXEC SQL UPDATE 口座
                            SET 残高 = 残高 − 金額
                            WHERE 口座番号 = 依頼人;
                   EXEC SQL COMMIT; ←トランザクションの終了（コミット）
                   END;
          GO TO EXIT;
    UNDO: DO;
          PUT LIST ('残高不足');
          EXEC SQL ROLLBACK; ← トランザクションの終了（アボート）
          END;
    EXIT: END WITHDRAWAL; プログラムの終了
```

図 11.2　引出しトランザクション

　振替送金では A 氏が B 氏に 100 万円送金する．引出しトランザクションでは，A 氏は自分の口座から 100 万円引き出そうとする．2 つのトランザクション共に，まず A 氏の口座に 100 万円以上残金があることが必要である．そのチェックが最初に行われる．もし，残高が 100 万円以上の場合，トランザクションは共に実行可能だから，それぞれ A 氏の口座から 100 万円減じる UPDATE 文が実行される．振替送金においては，更に B 氏の口座に 100 万円が足される UPDATE 文が実行されないといけないが，引出しトランザクションにおいては必要な処理はこれで終わりで，EXEC SQL COMMIT 文が実行されてトランザクションが無事終了となる．

　さて，A 氏の口座の残高が 100 万円以上の場合，振替送金と引出しのトランザクションがデータベースに与える状態の変化をトレースしてみると，図 11.3 のように

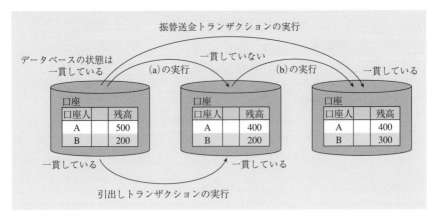

図 11.3　データベースの一貫性

表される．注意しないといけないことは，データベースの初期状態，続いて 100 万
円を A 氏の口座から減じたデータベースの状態は共に "同じ" であるが，その状態
は振替送金トランザクションから見ると（まだ B 氏の口座に 100 万円が振り込まれ
ていないから）一貫していない状態であるが，引出しトランザクションから見ると
一貫している状態であるということである．このように，データベースの一貫性と
は，どのようなアプリケーションを実行しているのかにより，一貫した状態となっ
たり，ならなかったりする点に十分注意しなければならない．

　トランザクションは図 11.1 や図 11.2 に示された振替送金トランザクションや引出
しトランザクションに典型例を見るように，その始まりと終わりがそれぞれ EXEC
SQL BEGIN TRANSACTION と EXEC SQL COMMIT あるいは EXEC SQL
ROLLBACK で明示されているが，エンドユーザがその場その場で簡単な SQL 文を
発行してデータベースに問合せを発行したり，更新を発行したりする場合もあろう．
このような状況ではエンドユーザが特段に EXEC SQL BEGIN TRANSACTION
とトランザクションの開始を宣言しないが，DBMS は暗黙裡にトランザクションが
開始されたと見なし，実行結果に基づき COMMIT か ROLLBACK 処理をする．

　さて，トランザクションは上述の意味で**状態遷移**する．トランザクションは開始
されると "**実行中**" の状態になる．プログラムの EXEC SQL COMMIT 文の実行
が終了すると "**コミット待ち**" の状態になる．一方，トランザクションを実行中に
障害が発生した場合には，"**失敗**" 状態に遷移する．コミット待ちのトランザクショ
ンは **COMMIT 処理**をされて "**コミット**" 状態に遷移する．一方，失敗状態のト
ランザクションは **ROLLBACK 処理**をされて "**アボート**" 状態に遷移する．この

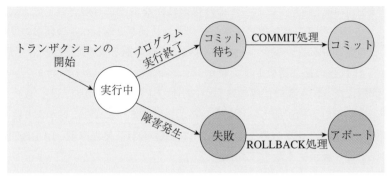

図 11.4 トランザクションの状態遷移

様子を図 11.4 に示す.

　読者の中には，EXEC SQL COMMIT 文が実行されたのであれば，コミット待ち状態ではなく，なぜ直ちにトランザクションがコミット状態に遷移しないのか不思議に思う者もいるのではなかろうか. その理由は，現代のコンピュータアーキテクチャにある. そこでは主記憶–2 次記憶という 2 階層の記憶構造の下で仮想記憶空間が張られており，DBMS はその上で稼動しているからである. つまり，EXEC SQL COMMIT 文が実行されたとしても，トランザクションが書き出したデータはまだ主記憶の作業領域にあって，2 次記憶に書き出されていない状況が考えられる. この場合，この状態でシステムがクラッシュしてしまうと主記憶は揮発性だから実行結果が霧散してしまう. 書き出したデータが 2 次記憶に反映されることが確実になったとき，つまり COMMIT 処理を経て，コミット状態に遷移する. 詳細はトランザクションのコミット時点の説明（12.3 節）に譲るが，そういう事情による.

11.3　ACID 特性

　トランザクションとは何かを論じる際に，必ず出てくるキーワードが ACID 特性である. ここに，ACID とは，順に Atomicity（原子性），Consistency（一貫性），Isolation（隔離性），Durability（耐久性）の頭文字である. つまり，トランザクションとは，この 4 つの特性を満たさなければならない. 以下，それぞれを解説する. ちなみに，英語で acid は "酸" を意味する.

■ 原子性

　トランザクションは，それが全て実行されるか，あるいは一切実行されないか，という二者択一（all or nothing）でなくてはならないとする性質. トランザクショ

ンは原子（atom）のようにそれがそれ以上細かなものに分解されることはない．つまり，「トランザクションはアプリケーションプログラムレベルの仕事の単位」である．この性質があるから，データベースは一貫性のある状態に保たれる．先述の，A 氏から B 氏への振替送金トランザクションは，送金できたか，できなかったかだけが問題になり，A 氏の口座の残高から 100 万円が差し引かれたが，B 氏の口座の残高にその 100 万円が加えられなくて終了してしまうようなことがあり得ないのは，このトランザクションの原子性による．COMMIT 処理や ROLLBACK 処理はこの原子性を実現するためにある．

■一貫性

トランザクションの原子性とコインの表と裏の関係にある．つまり，トランザクションが原子性を有するから，その結果としてデータベースは一貫した状態から次の一貫した状態に遷移する．逆に，データベースをある一貫した状態から次の一貫した状態に遷移させる意味のあるひとかたまりのアプリケーションがあれば，それがトランザクションであるということができる．つまり，「トランザクションとはデータベースの一貫性を維持する単位」ということができ，この性質を一貫性という．

■隔離性

この性質はトランザクションの同時実行と関係している．データベースは組織体の共有資源なので，一般には多数のユーザが同時に複数のトランザクション処理を要求してくる．この時，各々のトランザクションは他にどのようなトランザクションが処理されていようとも，それらに影響を受けることなく，あたかもそれらのトランザクションがある順番で直列に実行されたかのような結果をもたらすように処理される．これは，トランザクション指向の同時実行制御を DBMS が行うことにより達成されるが，「トランザクションは同時実行の単位」でもあるといえる．この性質をトランザクションの隔離性という．同時実行制御は第 13，14 章で詳しく論じる．

■耐久性

この性質はトランザクションの障害時回復と関係している．一言でいえば，「トランザクションは障害時回復の単位」でもあるということである．つまり，いったんコミットしたトランザクションがその実行中に行ったデータベースへの変化は，その後どのような障害が発生しようとも失われることはない．この性質をトランザクションの耐久性という．トランザクション指向の障害時回復が実装されるから耐久性が実現できる．障害時回復は次章で詳しく論じる．

11.4 トランザクションマネジャ

　トランザクションの実行を包括的に管理する DBMS のモジュールが**トランザクションマネジャ**（transaction manager）である．それはトランザクションの同時実行を司る**同時実行スケジューラ**（単に**スケジューラ**（scheduler）ともいう）と障害時回復を司る**障害時回復マネジャ**（recovery manager）と連携してその役目を果たす．図 11.5 にそれらの関係性を示す．

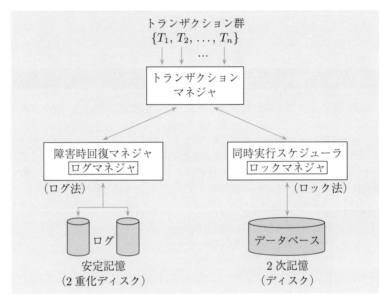

図 11.5　トランザクションマネジャとその役割

　トランザクションはその開始をトランザクションマネジャに通知する．それに応じてトランザクションマネジャはトランザクション番号を付与する．トランザクション群はその実行に伴い，様々なデータ項目の読出しや書込みのリクエストをトランザクションマネジャに投げるが，トランザクションマネジャはそれらのリクエストをスケジューラに投げる．スケジューラはトランザクションの直列化可能性が保証されるようにトランザクションステップの実行を制御しつつそれらの実行を司り，トランザクションの同時実行を実現する．直列化可能性を 2 相ロッキングプロトコル（2PL）で実現している場合にはスケジューラはロックマネジャ（lock manager）の機能を果たす．スケジューラが行うべきトランザクションの同時実行制御の詳細は第 13 章でその考え方を，第 14 章でその実現法を論じる．

一方，トランザクションマネジャはトランザクションがどのようなデータ項目を読み書きしたかをモニタしており，その情報を障害時回復に備えて逐一障害時回復マネジャに報告する．障害時回復マネジャは障害時回復をログ法で行う場合にはログマネジャ（log manager）としての機能を果たす．この場合，ログは（ディスクを2重化した）安定記憶に格納される．トランザクションが障害に遭遇してROLLBACK処理を行わないといけない場合には，システムの再起動時に（ログを頼りに）データベースを障害発生時点より前の一貫した状態に戻さないといけないが，その仕事も担う．障害時回復のより詳しい説明は次章で行う．

第11章の章末問題

問題1　データベースの一貫性とトランザクションの関係について，100字程度で説明しなさい．

問題2　ACID特性とは何か，説明しなさい．

問題3　以下に示すプログラムは，埋込みSQL親プログラミング言語PLI/SQLで書いた銀行預金の引出しトランザクションの概略である．空欄 (ア)，(イ)，(ウ) を埋めてプログラムを完成させなさい．

```
WITHDRAWAL: PROC OPTIONS(MAIN);
        DCL 依頼人 FIXED DEC (6, 0);
        DCL 金額 FIXED DEC (9, 0);
        DCL X FIXED DEC (9, 0);
        GET(依頼人, 金額);
        (ア)
        EXEC SQL SELECT 残高 INTO X
                FROM 口座
                WHERE 口座番号 = 依頼人;
        IF X.金額 < 0 THEN GO TO UNDO
        ELSE DO;
        (イ)
        EXEC SQL COMMIT;
        END;
        GO TO EXIT;
        UNDO: DO;
        PUT LIST('残高不足');
        (ウ)
        END;
        EXIT: END WITHDRAWAL;
```

第12章
障害時回復

　障害時回復（recovery）はデータベースの一貫性を保証するためにデータベースシステムになくてはならない機能である．この機能が備わっているからユーザはミッションクリティカル（mission-critical）といわれる大事な仕事を安心してデータベースに任せられる．しかし，この大事な機能も，トランザクションという概念が導入されて，初めてきちんと実装されるようになった．それまでは，統一的な対処法がなく，場当たり的であったといわれている．本章では，トランザクション指向の障害時回復法を見てみよう．

12.1　障害時回復と障害の種類

　全てが正常に動作していれば何の問題もないが，ときには，データ，トランザクション，システム，あるいはハードウェア等に異常が発生しトランザクションの実行にあたっては様々な障害との遭遇が予想される．このような障害からデータベースを守る，つまりアプリケーションプログラムレベルから見てデータベースを一貫性のない状態にしないためにデータベースシステムは一体どのようなことをしないといけないのかを論じる．このためには，場当たり的ではなく，しっかりとした基盤の上に立った，見通しのよい方法を考えていかねばならない．結論からいえば，前章で述べた通り，トランザクションとは障害時回復の単位でもあり，データベースシステムはトランザクションの概念を堅持することにより，様々な障害からデータベースを守り，その一貫性を保証できることとなる．それを**トランザクション指向の障害時回復**（transaction-oriented recovery）という．

　さて，データベースの一貫性を損なう恐れのある障害にはどのようなものがあるのであろうか．それは3種類に分類できる．

- トランザクション障害
- システム障害
- メディア障害

　まず，**トランザクション障害**（transaction failure）とは，トランザクションが，何らかの不備，例えばプログラムにバグがあったり，誤った入力を読み込んだり，所望のデータが見つからなかったり，計算の途中でオーバフローしたり，必要な資源が見つからなかったりして，異常終了するような場合である．

　システム障害（system failure）とは，データベースシステムやオペレーティングシステムの障害によりシステムが暴走したりフリーズしたり，あるいはハードウェアの誤動作や電源断等が原因してシステムが停止してしまい，揮発性の主記憶上のデータが霧散して，システムを再スタートさせないといけない状況に 陥 る場合をいう．この場合ディスク等の不揮発性メディアに格納されているデータは残っているものの，一貫性があるかどうかは保証の限りではない．

　メディア障害（media failure）とは，ディスク等の 2 次記憶装置の障害をいい，ディスククラッシュは典型的なメディア障害である．

　さて，トランザクション指向の障害時回復を，根本から理解しようとするとき，なぜトランザクション指向というのかを，改めて考えておく必要がある．この意味は，上記の様々な障害にトランザクションが遭遇することによって，データベースの一貫性を維持する単位であるトランザクションの "**原子性**" が損なわれて，何らかの適切な措置をしないと，最早データベースの一貫性を保証できなくなる，という認識である．

　したがって，トランザクションが何らかの原因でそれが完遂できない場合には，トランザクションの原子性から，障害が取り除かれた後，再びトランザクション処理が行える局面になったとき，障害に遭遇したトランザクションが障害に遭遇するまでに行ったデータベースへの読みや書きは，一切なかったということにしなければならない．このことを実際にデータベースシステムで実現するには**ログ法**（logging）や**シャドウページ法**（shadow paging）などの方法があるが，そこで行われる障害時回復の手法を，少し抽象度を上げて述べると，トランザクションがトランザクション障害やシステム障害に遭遇したときには，再スタートにあたっては，データベースに対して行ってきた読みや書きの UNDO 処理を行わなければならない，ということができる．**UNDO** とは "**DO しない**" ということであるから，トランザクションが障害に遭遇するまでにそのトランザクションが行った読みや書きは "なかったことにする" ということである．例えば，トランザクションがその実行途中で停止して，それ以降実行できない状況となったとしよう．そのトランザクションはきっとそれまでにデータベースに対して読みや書きを行ってきたであろう．したがって，データベースシステムは当該トランザクションを殺すだけでなく，デー

タベースの一貫性を保つためにそのトランザクションが行ったであろうデータベースに対する読みや書きをなかったことにする．この場合の UNDO の実現法のひとつであるログ法では，データベースで更新された可能性のある値は全て**旧値**（old value）に上書きされて，かつログから当該トランザクションに関するレコードを全て消去する．システム障害に遭遇したトランザクションにも，障害が取り除かれてシステムが再スタートする時点で，上記と同様な処理をする（より詳細は次節）．

さて，トランザクション指向の障害時回復でもうひとつややこしいのは，**REDO**（リードゥ）という概念である．これは，"再び DO する"ということである．この概念が必要なのは，現在のコンピュータシステムの記憶システムが，主記憶と 2 次記憶という 2 階層からなる**仮想記憶システム**となっていることに起因している．トランザクションの REDO 処理が必要な場面は，システム障害発生とメディア障害発生で生じる．例えば，トランザクションがシステム障害に遭遇したとしよう．このとき，次の 2 つのケースが想定される．

(a) トランザクションはシステム障害発生時点でコミットしていた．

(b) トランザクションはシステム障害発生時点でまだコミットしていなかった．

(b) の場合，システム再スタート時に，当該トランザクションは全て UNDO する．しかし，(a) の場合，更に次の 2 つのケースが考えられる．

(a-1) 当該トランザクションの書出しは全て 2 次記憶に反映されていた．

(a-2) 当該トランザクションの書出しの一部がまだ主記憶のバッファ領域に滞留していて，2 次記憶に反映されていない．

このとき，(a-2) の場合が問題となる．トランザクションはコミットしているから，アプリケーションとしては，行った処理結果は全てデータベースに書き出されていると考える．これは当然のことである．しかし，コンピュータの仮想記憶システムアーキテクチャ上，まだバッファに滞留していた状況があり得る．したがって，システム再スタート時点ではシステム障害発生時点で既にコミットしていたトランザクションの書出しの結果が，確実にデータベースに反映されていることを保証するために，データベースでの値が旧値から既に**新値**（new value）になっているかどうかを問うことなく，全てを新値に置き換えてデータベースの一貫性を保証する操作を行わなくてはならない．これが REDO である．

図 12.1 にトランザクション指向の障害時回復の体系を示す．ここに**全局的**（global）とは当該障害に遭遇した"全てのトランザクション"という意味であり，**局所的**（local）とは"当該必要なトランザクション"という意味で上記 (a-2) にあたる．なお，トランザクション UNDO にはトランザクションが正常に実行されて

障害の種類 回復処理	トランザクション障害	システム障害	メディア障害
UNDO	トランザクション UNDO	全局的 UNDO	—
REDO	—	局所的 REDO	全局的 REDO

図 12.1　トランザクション指向の障害時回復

ROLLBACK 文に到達した場合も含める.

12.2　ログ法──ログとは──

トランザクション指向の障害時回復の実装法は大別すると 2 つある.

● ログ法　　　　　　　　　　　　　● シャドウページ法

本節では, ほとんどの DBMS がログ法を実装していることからそれを説明する. このためには, まずログとは何かを説明することから始めなくてはならない.

　ログ (log) とは, トランザクションの開始, 終了, そのトランザクションがデータベースに対して行ったデータの読みや書きといった一連の作用, 障害時回復の効率化をはかるためにチェックポイント法を導入した場合にはその情報をも全て記録するための時系列データファイルである. ログはジャーナル (journal) とも呼ばれる. またリレーショナルデータベースシステムでは, ログはリレーションで表され, SQL でアクセスすることができる. ログを用いて障害時回復を行う方法をログ法 (logging) という.

　ログは障害時回復の手がかりを与えるものなので, 障害の発生しない不揮発性のメディアに記録しなければならない. 通常はディスクを 2 重化して安定記憶 (stable storage) を実現してそこに記録する. 2 重化ディスク (RAID-1) は, 仮にディスクの MTBF (mean time between failures, 平均故障間隔) を 100 万時間とすれば, お互いのディスクは独立に故障するとして, 両ディスクが同時にダウンする 2 重障害の発生は 1 万 3 千年に一度だろうと計算される. 2 重化は商用データベースシステムで実際に行われている[1].

---

[1] ただし, 同じロット (lot) のディスクを 2 重化したのでは, 同じタイミングで 2 本とも故障してしまう確率が高いので, それは避けるべきだという現場の声がある.

さて，図 12.2 にログの概略を示す．この例は 2 つのトランザクション T_1 と T_2 が同時実行されながらある時点まで進行していった様子を示している．ここに LogSN は log sequence number の略である．ログレコードは，LogSN の値が大きくなっていく程，その順序で最新であることを表す．TransID はトランザクション ID，作用（action）はトランザクションの開始，終了，読みや書きを表す．RelID，TupleID，ColID はそれぞれリレーション ID，そのリレーションでのタップル ID，そのリレーションでのカラム ID を表す．これらの ID はリレーショナル DBMS が自動的に付与している．(RelID, TupleID, ColID) の 3 つ組が**データ項目**（data item）を表している．トランザクション T_1 や T_2 が読みや書きの対象としているデータ項目 x や y の値はこの例では (社員, 007, 給与) などにあたる．旧値は before image，新値は after image と呼ばれることもある．なお，ログにトランザクションの READ 作用も記録する理由は，波及ロールバックを実現するためである．**波及ロールバック**（cascading rollback）とは，あるトランザクション T_1 がアボートされたら，T_1 が書き出したデータ項目を読んでいたトランザクション T_2 もアボートしなければならず，もし T_2 の書きを読んでいる別のトランザクション T_3 があったらそれもアボートしなくてはならず，という具合にアボートが波及することをいう．ただ，この処理は大変複雑で時間がかかることであるので，できることなら回避したい．また，波及ロールバックはトランザクションの同時実行と深く関係している

	T_1		T_2
	begin		begin
	read(x)		read(y)
	write(x)		write(y)
	end		end

(a) トランザクション T_1 と T_2

ログ

LogSN	TransID	作用	RelID	TupleID	ColID	旧値	新値
⋮							
1054	T_1	BEGIN					
1055	T_1	READ	社員	007	給与		
1056	T_2	BEGIN					
1057	T_1	WRITE	社員	007	給与	50	100
1058	T_2	READ	社員	002	給与		
1059	T_1	COMMIT					

(b) T_1 と T_2 の同時実行を記録しているログ

図 12.2　トランザクション T_1 と T_2 が同時実行されている状況を想定したログの概念

ことに注意する．波及ロールバックが発生しないようにするには，例えばトランザクション T_1 がコミットするまでは，T_1 が書き出したデータ項目を他のトランザクションが読めないようにしておけばよい．これは，**厳密な 2 相ロッキングプロトコル**（14.2 節）に従ったトランザクションの同時実行制御で実現できる．したがって，この場合には，ログ法に基づいた障害時回復を行うに必要なログに READ 作用を記録する必要はない．

▌12.3　ログ法——WAL プロトコル——

　主記憶–2 次記憶の階層型仮想記憶システムアーキテクチャのもと，**ログ法**を実装しようとするときに，トランザクションがデータベースのデータ項目に読み書きするにあたり，ひとつ大事な取り決めをしておかなくてはならない．それが，$\overset{\text{ワル}}{\text{WAL}}$ プロトコルである．

　WAL は write ahead log の頭文字で，その意味するところはトランザクションが更新したデータ項目を一刻も早く 2 次記憶に書き出したいのは分かるが，障害時回復のことを考えると，"まずログに書け" である．

　ログ法の全体像を示した図 12.3 を用いて WAL プロトコルを説明する．

　トランザクションは図の右のパスで示されている通り，主記憶を通して 2 次記憶にトランザクションの書きを行おうとする．しかし，障害時回復の目的で，**トランザクションマネジャ**はトランザクションの読みや書きをモニタしていて，それらを逐一障害時回復マネジャに報告する．報告を受けた障害時回復マネジャは同図の左のパスを通って安定記憶に格納されているログにそれらを記録する．ログ法に基づく障害時回復は "ログが命" なので，次の 2 つの操作を行う．

- ログへの書込みは強制書込みとする．
- WAL プロトコルに従うトランザクションのデータベース（＝ 2 次記憶）への書出しは基本的にオペレーティングシステムに任せているが（このモードを**即時更新**（immediate update）という），当該トランザクションの COMMIT がログに書き込まれるまでは，2 次記憶に書出しを許さないとする**遅延更新**（differed update）モードをとる場合もある．

つまり，WAL プロトコルに従うと，トランザクションの開始から終了（コミットかアボートかを問わず）まで，当該トランザクションの全ての挙動が逐一ログに書き込まれ，それが全てであるという認識で障害時回復を行えることになる．つまり，トランザクションが正常に仕事を行ってきて，最後に EXEC SQL COMMIT 文を

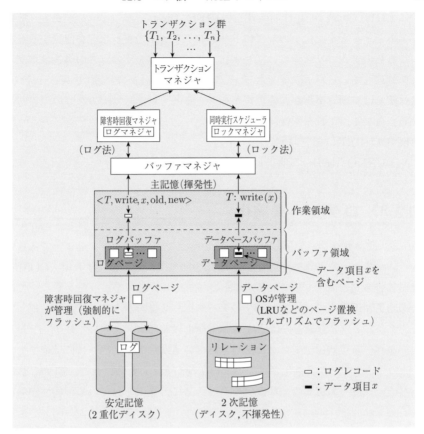

図 12.3　ログ法の全体像

処理したけれども，そのことが何らかの障害でログに書き込まれなかったならば，そのトランザクションはまだコミットしていない．逆にいえば，"トランザクションはその COMMIT がログに書き込まれた瞬間にコミットした"と定義できる．この瞬間のことを**コミット時点**（commit point）という．

　なお，トランザクションのデータベースへの書出しがいつ 2 次記憶に反映されるかは，オペレーティングシステムに任せているが，これは DBMS がオペレーティングシステムの上で稼動するミドルウェアであるという性質によるもので，一般的である．オペレーティングシステムが仮想記憶空間をサポートするために，アプリケーションプログラムが必要とするデータ項目の入っているページ（= ブロック）を主記憶に**フェッチ**（fetch）してきて，適当なタイミングで 2 次記憶に**フラッシュ**（flush）するための**ページ置換えアルゴリズム**は古くから知られており，代表的な

ものに **LRU**（least recently used）や **FIFO**（first-in-first-out）がある．障害時
回復マネジャが安定記憶上のログにトランザクションの実行状況を記録するときに
は，これらのアルゴリズムには従わずに，強制書込みをする．この書込はログバッ
ファを管理している**バッファマネジャ**（buffer manager）の仕事である．

　ログ法では，即時更新か遅延更新かを考えると，対応して次の2つの障害時回復
法が考えられる．これらを次節で述べる．

- UNDO/REDO 障害時回復法
- NO-UNDO/REDO 障害時回復法

12.4　ログ法——最適化——

　さて，トランザクション T_1 と T_2 の実行が図12.4に示されているようであったと
しよう．つまり，障害発生時点で T_1 はコミットしていた，換言すれば，COMMIT
がログに書き込まれていたが，T_2 はまだコミットしていなかったとする．このと
き，**即時更新環境**下では，T_1 や T_2 のデータベース更新が一部なされてしまってい
る可能性がある．より厳密には，T_1 は障害発生以前にコミットしており，T_1 が行っ
たデータベース更新は全てログに記録されているが，データベースには全てではな
く，その途中までしか書き出されていない状況が考えられる．また，T_2 がこれまで
行ったデータベース更新の一部がデータベースに書き出されている可能性がある．

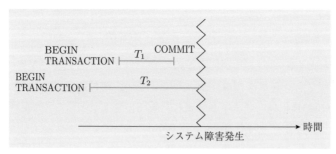

図12.4　トランザクションの実行とシステム障害発生の例

　さて，障害を回復してシステムを再スタートさせたとき，まず，データベースを
一貫性のある状態にしなければならないが，そのためにはどのようにしたらよい
であろうか．答えは単純明解で，T_1 をログを頼りに **REDO** する．一方，T_2 は
UNDO する．トランザクションが多数同時に実行されている状況でも，コミット
しているトランザクションは全て REDO し，コミットしていないトランザクショ

ンは全て UNDO すればデータベースの一貫性を保証できる（波及ロールバックを考慮すると処理はその分複雑になる）．なお，障害発生時点でトランザクションがコミットしていたか否（いな）かは（安定記憶上の）ログにその COMMIT が記録されていればそうだし，記録されていなければそうでない．この方式では UNDO と REDO を共に使うので **UNDO/REDO 障害時回復法**という．

　一方，**遅延更新環境**下では，トランザクションがコミット状態に遷移（せんい）する，つまりログに COMMIT が書き込まれるまでは，そのトランザクションのデータベース更新はログには書き込まれるものの，データベースに書き出されることは一切ない．したがって，図 12.4 に示す状況が発生した場合，T_1 は REDO しなければならないが，T_2 は UNDO する必要はない．それゆえ，この方式を **NO-UNDO/REDO 障害時回復法**という．

■ チェックポイント法

　さて，ログ法の最適化について述べる．障害が起こらないに越したことはない．しかし，万が一に備えて記録し続けるログの量は時間の経過と共に単調に増加し続ける．2 次記憶に格納されているデータベースへの書込みは，オペレーティングシステムのページ置換えアルゴリズム任せで，きっといつかは主記憶のバッファ領域にあったページも 2 次記憶に書き出されて，データベースに所望の書出しがなされることになるのだろうけれど，いつまで待てばそのような状況となるのかはアルゴリズム任せではっきりしたことは分からない．ならば，しかるべき時点時点で，強制的にデータベースバッファの内容を 2 次記憶に書き出して，ログの内容とデータベースの内容を一致させることにより，ログを調べて REDO 及び UNDO すべきトランザクションを見つけ出すに要する時間を短縮し，かつ既に更新内容を 2 次記憶に書き出しているトランザクションを REDO する無駄をなくすという最適化法が考え出された．これを**チェックポイント法**（checkpointing）という．

■ チェックポイント法のアルゴリズム

チェックポイントと呼ばれる時点で，次の 4 つの操作を順に行う．

- (1) 実行中のトランザクションを全て一時停止（suspend）する．
- (2) データベースバッファの内容をデータベースに強制書き出しする．
- (3) チェックポイントレコードをログに書き出す．
- (4) 中断させていたトランザクションを再開（resume）する．

チェックポイントとシステム障害発生の時間的関係に注目すれば図 12.5 に示すように，5 つのタイプが存在する．つまりシステム障害が発生する直前のチェックポ

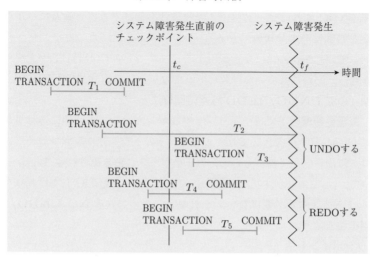

図 12.5　チェックポイント法

イントより前にコミットしていたトランザクション（T_1）についてはそのチェック
ポイント時にデータベースバッファの内容がデータベースに既に確かに書き出され
ているので，REDO する必要はない．一方，システム障害発生時点で処理中のトラ
ンザクション（T_2 や T_3）は UNDO にする．システム障害発生以前に始まりかつ終
了したトランザクション（T_4 や T_5）は REDO にする（なお，T_4 については，t_c 以
前の作用については REDO する必要はない）．つまりチェックポイントを導入する
ことにより，それ以前に終了しているトランザクション（や部分）については，シ
ステム再スタート時に回復作業を行う必要がないということで，障害時回復のため
要する時間を少なくできることになる．
　なお，チェックポイントをいつにするかは，定期的に行ったり，処理したトラン
ザクションがある数に到達したときなど，様々である．

■ 障害時回復マネジャ

　DBMS はログ法やシャドウページ法といった手法を使って，様々な障害から
データベースを守り，その一貫性を保証する．この機能を果たす DBMS のモジュー
ルを**障害時回復マネジャ**（recovery manager）という．ログ法に基づけば，障害時
回復マネジャはログの管理をするログマネジャの機能を併せ持つ．障害時回復マネ
ジャはトランザクションマネジャや同時実行スケジューラと協調してデータベース
システムの円滑な稼動を実現する（11.4 節参照）．

第 12 章の章末問題

問題 1　トランザクションはその実行にあたって様々な障害に遭遇する．下図はトランザクション指向の障害時回復のスキームを表している．(1)～(4) に入るべき用語は何か，また，それらはどういうことなのか，説明しなさい．

回復処理 ＼ 障害の種類	トランザクション障害	システム障害	メディア障害
UNDO	(1)	(2)	—
REDO	—	(3)	(4)

問題 2　WAL について次の問いに答えなさい．
(問 1)　WAL は何の頭文字か，示しなさい．
(問 2)　WAL とは何か，説明しなさい．
(問 3)　トランザクションのコミット時点を WAL と関連付けて説明しなさい．
(問 4)　遅延更新とは何か，説明しなさい．
問題 3　次に示すトランザクション指向の障害時回復法を説明しなさい．
(問 1)　UNDO/REDO 障害時回復法
(問 2)　NO-UNDO/REDO 障害時回復法
(問 3)　NO-UNDO/NO-REDO 障害時回復法
問題 4　ログ法に基づくトランザクション指向の障害時回復の最適化にチェックポイント法がある．下図はその様子を示した一例であるが，5 つのトランザクションが実行されている．次の問いに答えなさい．

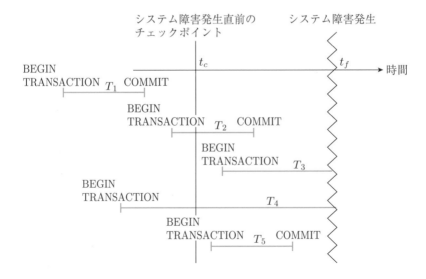

(問1) 障害回復がなされて，システムが再起動する時点で，何もしなくてよいトランザクションはどれか．

(問2) 障害回復がなされて，システムが再起動する時点で，UNDO するトランザクションはどれか．

(問3) 障害回復がなされて，システムが再起動する時点で，REDO するトランザクションはどれか．

コラム　シャドウページ法

UNDO も REDO 処理も一切しないで，障害時回復を行おうとする方法がある．**シャドウページ法**（shadow paging）と呼ばれている方法で，ログをまったく使わない．図 12.6 にシャドウページ法の概念を示す．

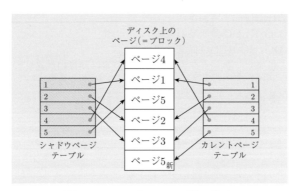

図 12.6　シャドウページ法の概念

トランザクションが開始されると，データの更新結果はそのデータ項目が格納されているデータページ（すなわち，データ項目のあるブロック）ではなく，これまで使われていない新しいデータページを見つけて元のページをコピーしてそれに書き込む．この例ではページ $5_{新}$ がそれにあたる．すなわち，トランザクションが開始した時点でのページ（これをシャドウページという）とトランザクションが実行されていくにつれてその更新結果を記録するページ，これをカレントページという，がどんどん作られていき，トランザクションがコミットすれば，シャドウページを捨てて，カレントページが，新しくシャドウページになり，もしトランザクションがアボートされれば，カレントページを捨てて，シャドウページが生き返るという方式である．これは NO-UNDO/NO-REDO 障害時回復法である．

第13章
同時実行制御
──同時実行制御とは──

　データベースは組織体の共有資源である．したがって，多数のユーザが同時に同じ資源を競合して使用し，トランザクションを実行させようとする．しかしながら，多数のトランザクションを無秩序に走らせては，本来読んではいけないデータを読んでしまったり，あるいは書き込んではいけないデータ項目に上書きしてしまったりと，データベースを共有して実行するトランザクションの結果は矛盾に満ちたものになる恐れがある．トランザクションの同時実行制御は，そのような恐れと危険性を排除して，多数のトランザクションを整然と同時実行させてその結果を保証しようとするものである．

13.1　トランザクションの同時実行とは

　データベースシステムに複数のトランザクションが同時にその実行を依頼してきたとしよう．データベースシステムはそれらの要求をどのようにして叶えてあげるのであろうか．例えば，n 個のトランザクション群 $\{T_1, T_2, \cdots, T_n\}$ がその実行を依頼してきたとしよう．

　ひとつの考え方は，n 個のトランザクションを一個一個順番に処理するものである．n 個あるから，その処理の仕方は $n!$ 通りある．トランザクションはデータベースの一貫性を保証する処理の単位であるから，トランザクションの実行順の違いで，トランザクションの実行結果に違いは出るかもしれないが[1]，データベースの一貫性が損なわれることはない．つまり，トランザクションの実行結果に異状が発生することはない．このトランザクションの実行のことを**直列実行**（serial execution）という．しかし，直列実行では**トランザクション処理効率**は上がらない．つまり，**TPS**（transactions per second），単位時間あたりのトランザクションの処理数，が上がらない．この現象はオペレーティングシステムにおけるマルチプログラミン

---

[1] 例えば，T_1 は社員の給与を 2 倍にするトランザクション，T_2 は社員の平均給与を求めるトランザクションとしたとき，$T_1 \to T_2$ の順で実行した平均給与の値は $T_2 \to T_1$ の順で実行した場合の 2 倍となる．すべてのトランザクションが読込み専用（read-only）であればこのようなことは起こらない．

グの必要性とまったく同じである. トランザクションを処理していくとき, CPU 処理をした後に I/O 処理に入るが, このとき CPU がアイドルになる. この空き時間に他のトランザクションのステップを実行すれば, 結果として TPS を向上させることができると考えられる. このために, トランザクションの**同時実行**（concurrent execution）を考える.

では, トランザクションの同時実行をどのように表すのかを述べよう. そのために, トランザクションの**ステップ**（step）という概念をはっきりさせておく. まず, トランザクションとは, **読みと書き**（read/write, 読込みと書出し）の系列であると考える.

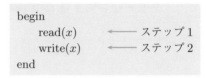

図 **13.1** 単純なトランザクションの例

例えば, データ項目 x を読み込み, それに何らかの処理をしてその結果を x に書き出して終わるトランザクションは図 13.1 のように表される. このトランザクションは第 1 ステップ read(x), 第 2 ステップ write(x) の 2 ステップからなる. もし, 書きの内容を具体的に書き表したい場合には, write($x := x - 30$) のように書く. また, 例えば read(x) がトランザクション T のステップであることを明示したいときには, T: read(x) という書き方をする.

続いて, 2 つのトランザクションの同時実行を考える. 図 13.2 にトランザクション T_1 と T_2 を示す. 同時実行とは, 同じ時刻に T_1 のあるステップと T_2 のあるステップを同時に実行することではない. これは**並列実行**（parallel execution）であって, 同時実行ではない. つまり, 同時実行ではある時刻に 1 個のステップしか実行されない. そうすると T_1 と T_2 の同時実行のスケジュールは計 8 個あることになる. そのうち T_1 の第 1 ステップを先行させたスケジュール 4 個を図 13.2 に示す. この中には, $\{T_1, T_2\}$ の直列実行を表すスケジュール (4) が混じっていることに注意する.

さて, 一般にトランザクション群 $\{T_1, T_2, \cdots, T_n\}$ が与えられたとき, ある時刻 t_1 には T_i の第 j ステップを, 次の時刻 t_2 ($> t_1$) には T_k の第 ℓ ステップを (i と k は必ずしも異なる必要はない), その次の時刻 t_3 ($> t_2$) には再び T_i の第 $j + 1$ ステップをという具合に, 丁度 TSS (time sharing system, 時分割システム) のように複数のトランザクションを実行していくトランザクションの同時実行を考える. このトランザクションステップの系列を**スケジュール**（schedule）という. スケジュールは見やすさのため, 図 13.2 のように 2 次元のテーブルで表現されることが多い.

```
begin
    read(x)
    write(x)
end
```

(a) トランザクション T_1

```
begin
    read(x)
    write(x)
    write(y)
end
```

(b) トランザクション T_2

時刻	T_1	T_2
t_1	read(x)	—
t_2	—	read(x)
t_3	write(x)	—
t_4	—	write(x)
t_5	—	write(y)

(1)　同時実行スケジュール 1

時刻	T_1	T_2
t'_1	read(x)	—
t'_2	—	read(x)
t'_3	—	write(x)
t'_4	write(x)	—
t'_5	—	write(y)

(2)　同時実行スケジュール 2

時刻	T_1	T_2
t''_1	read(x)	—
t''_2	—	read(x)
t''_3	—	write(x)
t''_4	—	write(y)
t''_5	write(x)	—

(3)　同時実行スケジュール 3

時刻	T_1	T_2
t'''_1	read(x)	—
t'''_2	write(x)	—
t'''_3	—	read(x)
t'''_4	—	write(x)
t'''_5	—	write(y)

(4)　同時実行スケジュール 4

図 13.2　2 個のトランザクション T_1 と T_2 の（T_1 の第 1 ステップを先行させた）同時実行スケジュール

13.2　同時実行制御の必要性

　さて，複数のトランザクションを無秩序に同時実行させると実に様々な異状が発生することを観察してみよう．**遺失更新異状**（lost update anomaly）を呈する同時実行の例を見てみることから始める．

■ 遺失更新異状を呈する同時実行例

　A 夫と A 子が同時刻に異なる現金引出機（cash dispenser）から，各自のキャッシングカードを使って，夫婦共通の口座 A から A 夫は 30 万円，A 子は 20 万円引き出すとする．A 夫の引き出しに対してトランザクション T_1 が，A 子のそれに対して T_2 が発行され，それらが仮に図 13.3 に示されるスケジュールによって実行されたとする．いま仮に口座 A の残高の初期値は 100 万円だったとしよう．すると

時刻	T_1	T_2
t_1	read(A)	—
t_2	—	read(A)
t_3	write($A := A - 30$)	—
t_4	—	write($A := A - 20$)
t_5	COMMIT	—
t_6	—	COMMIT

A は夫婦共通の口座 A の残高（単位万円）を表す

図 13.3　遺失更新異状を引き起こすスケジュールの例

時刻 t_2 では，まだ T_1 による残高更新がなされていないので，T_2 が読んだ残高値も，T_1 が読んだそれと同じく，100 万円である．時刻 t_3 で残高が 70 万円に更新されるが，時刻 t_4 でそれは T_2 により上書きされて 80 万円になる．そして T_1 と T_2 の COMMIT 処理が行われて実行が終了する．つまり，このスケジュールにより T_1 と T_2 を同時実行すると，A 夫婦は計 50 万円も手にしたのに，たった 20 万円しか引かれておらず，その夜 2 人は豪華な食事をしてワインで祝杯をあげる．一方，銀行の情報システム部門の責任者は屋台で苦い酒をあおることとなる（ただし預金のときは立場が逆転する可能性のあることにくれぐれも注意）．この異状が発生することは，スケジュールを見ると分かるが，トランザクション T_1 による A の更新結果が上書きにより失われてしまったことによるので，一般に遺失更新異状と呼ばれている．

　同時実行制御をきちんと行わないと発生する異状はこれだけではない．次に，汚読を許すことが原因で発生してしまう**汚読異状**（dirty read anomaly）を呈する例を見てみよう．

■ 汚読異状を呈する同時実行

　学生が親元から仕送りを受けている状況を考える．T_1 は親が学生の銀行口座 A に 10 万円振り込むトランザクション，一方 T_2 はそれに対する学生のトランザクションで 10 万円引き出すトランザクションである．さて，学生は送金を喜びをもって確認し，即座にその 10 万円を引き出したが，その直後に親の気が変わり T_1 の ROLLBACK 処理が行われアボートされたとしよう．その結果，銀行が絶対的窮地に立つという異状である．この深刻な異状は，スケジュールが，T_2 がまだコミットしていない T_1 の値を読むこと，つまり**汚読**（dirty read）を許すようになっていたから引き起こされた．T_1 はアボートされたから親元の 10 万円は振り込まれないで済んだが，T_2 はその間にコミットしているから，学生はその 10 万円をしっかり手

時刻	親　元 T_1	学　生 T_2
t_1	read(A)	—
t_2	write($A := A + 10$)	—
t_3	—	read(A)
t_4	—	write($A := A - 10$)
t_5	—	COMMIT
t_6	ROLLBACK	

Aは学生の銀行口座Aの残高（単位万円）を表す

図 **13.4**　汚読異状を引き起こすスケジュール（回復不可能スケジュール）の例

にしている．図 13.4 に示されるこの深刻なスケジュールは**回復不可能スケジュール**（non-recoverable schedule）とも呼ばれる．

　続けて，同じデータ項目を再度読むと以前と値が異なっているという**反復不可能な読み**（nonrepeatable read）という異状を呈する例を見てみる．

■ 反復不可能な読み異状を呈する同時進行

　図 13.5 にこのタイプの異状の典型例を示すが，例えば，航空会社の座席予約の状況を表しているとし，Aは（あるフライトの）残席数を表しているとしよう．T_1は客$_1$が残席数を見て予約しようかどうしようか考え，（しばらくして）予約しようと心が決まったので，予約処理に入るべく，もう一度残席数Aを確認したら，前回読んだときの値と異なっていて（この例では 1 だけ少なくなっている），「アレッ？」という状況を表している．これは，客$_1$が考えている間に客$_2$がトランザクションT_2を発行して座席を 1 つ予約してしまったために発生した異状である．この異状は，残席数がたっぷりあるときには余り深刻ではないが，残席数が 1 しかなかった場合，客$_1$には残念なことになる．

時刻	T_1	T_2
t_1	read(A)	—
t_2	—	read(A)
t_3	—	write($A := A - 1$)
t_4	—	COMMIT
t_5	read(A)	—

図 **13.5**　反復不可能な読みによる異状を引き起こすスケジュール

13.3　直列化可能とはどういうことか

　さて，前節の例題に見たように，複数のトランザクションを無秩序に処理していくと，異状が発生する．しからば，どのようにすれば，そのような異状が発生しないで，皆が満足のいくトランザクションの同時実行が可能となるのであろうか．

　スケジュールの**直列化可能性**（serializability）という概念はこの問題解決のために導入された．ヒントは，13.1 節冒頭で述べたように，複数のトランザクションでも，それらを直列に実行すればデータベースの一貫性が保たれるから異状は発生しないという事実である．しかし，トランザクション群を直列実行するのでは TPS の向上は期待できない．

　そこで，トランザクション群 $\{T_1, T_2, \cdots, T_n\}$ を**非直列スケジュール**（non-serial schedule）のもとで実行するが，トランザクション群 $\{T_1, T_2, \cdots, T_n\}$ のある直列スケジュールが存在して，どのようなデータベースの初期状態から始めても，両者の実行後のデータベースの状態が同じであればそれでよいのではないかと考えて，その非直列スケジュールは**直列化可能**（serializable）ということにする（次節で更に詳しく議論する）．直列化可能な非直列スケジュールでトランザクション群を同

時実行すると，データベースの一貫性は損なわれておらず，非直列に実行した分だけ TPS が向上することが期待できるから，それならばよいのではないかと考えようということである．

　議論をもう少し具体的にしてみよう．図 13.6 に示されるトランザクション T_1 と T_2 の非直列スケジュールを考える．一方，$\{T_1, T_2\}$ の 2 つの直列実行のスケジュールを図 13.7(a), (b) に

時刻	T_1	T_2
t_1	read(x)	—
t_2	—	read(y)
t_3	write(x)	—
t_4	—	read(x)
t_5	—	write(y)

図 13.6　直列化可能な非直列
スケジュールの例

時刻	T_1	T_2
t_1'	read(x)	—
t_2'	write(x)	—
t_3'	—	read(y)
t_4'	—	read(x)
t_5'	—	write(y)

(a)　T_1 の次に T_2 を実行する
直列スケジュール

時刻	T_1	T_2
t_1''	—	read(y)
t_2''	—	read(x)
t_3''	—	write(y)
t_4''	read(x)	—
t_5''	write(x)	—

(b)　T_2 の次に T_1 を実行する
直列スケジュール

図 13.7　トランザクション T_1 と T_2 の 2 つの直列実行

示す．読者は，図 13.6 の非直列スケジュールで T_1 と T_2 を実行した後のデータベースの状態は，図 13.7(a) で T_1 と T_2 を直列実行した後のデータベースの状態に等しくなることを直観するだろう．その直観は，多分，図 13.6 と図 13.7(a) では共に T_1 が書き出したデータ項目 x の値を T_2 が読んでいて，かつデータ項目 x と y の初期値が両者で等しいが，図 13.6 と図 13.7(b) ではそうではない，という観察によっていよう．この直観は正しい．図 13.6 の非直列スケジュールは直列化可能である．

では，図 13.8 に示された非直列スケジュールは直列化可能であろうか．一見しただけではなんとも結論を出しにくいし，上述のような直観も働きにくい．実は，この非直列実行スケジュールは，どのようなデータベースの初期状態から始めても，トランザクション群 $\{T_1, T_2, T_3, T_4, T_5\}$ を T_2，T_5，T_4，T_1，T_3 の順で直列実行した場合と実行後のデータベースの状態が同じくなるという意味で，直列化可能である．直列化可能性について，しっかりとした理論立てが望まれる訳である．

時刻	T_1	T_2	T_3	T_4	T_5
t_1	—	—	—	—	read(x)
t_2	—	read(x)	—	—	—
t_3	—	—	—	—	write(x)
t_4	read(x)	—	—	—	—
t_5	—	—	—	read(x)	—
t_6	—	read(y)	—	—	—
t_7	write(x)	—	—	—	—
t_8	—	—	read(x)	—	—
t_9	—	write(y)	—	—	—
t_{10}	—	—	—	read(y)	—
t_{11}	—	—	write(x)	—	—
t_{12}	—	—	—	write(y)	—

図 13.8　5 つのトランザクションの非直列スケジュールの例

13.4　直列化可能性の検証問題

議論を進めるにあたり，スケジュールの等価性を定義する．

【定義】（スケジュールの等価性）

　スケジュール S と S' が**等価**（equivalent）であるとは，どのようなデータベースの初期状態から始めても，S に従って全てのトランザクションを実行し終わったときのデータベースの状態と S' に従ってそれらを実行し終わったときのデータベースの状態が同じであるときをいう．

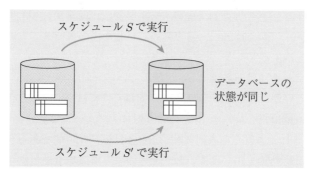

図 13.9　スケジュール S と S' の等価性

この概念を図 13.9 に示す.

すると, トランザクション群 $\{T_1, T_2, \cdots, T_n\}$ の (非直列) スケジュール S が与えられて, それが直列化可能か否かを問う問題は, S と "等価" な直列スケジュールを見つける問題となる. スケジュール S はそれと等価な直列スケジュールが存在するとき**正当** (correct) というが, S に等価な直列スケジュールを力まかせに見つけようとすれば, データベースの初期状態一つひとつに対して, S と $n!$ 個ある直列スケジュール一つひとつと等価性を検証しなければならない. しかし, $n!$ という数は n が増加するにつれて指数関数を超えた様相で爆発的に増加する. 図 13.10 は n を 10, 20, 30, 40 としたときに, 1 秒間に 100 万回カウントすることのできるコンピュータ (すなわち, 1 MIPS のコンピュータ) を使用して, n, n^2, 2^n, $n!$ を数え上げるに要する時間を示した表である. 表から分かるように, n が大きくなると $n!$ を数え上げるに要する時間はとてつもなく大きくなる. 換言すると, 例えば, トランザクション群 $\{T_1, T_2, \cdots, T_{20}\}$ のある非直列スケジュール S を与えて, これは直列化可能ですかと問えば, 最悪 20! 個目の直列スケジュールと等価であることが判明するかも知れず, その場合 1 カウントで 1 回等価性を判定できるとしても, その結果を得るのに 770 世紀待たなければならない (これをデータベースの全ての初期状態に対して行う必要がある). したがって, 正面きって直列化可能性問題を論

$f(n)$＼n	10	20	30	40
n	0.00001 秒	0.00002 秒	0.00003 秒	0.00004 秒
n^2	0.0001 秒	0.0004 秒	0.0009 秒	0.0016 秒
2^n	0.001 秒	1.05 秒	17.9 分	12.7 日
$n!$	3.6 秒	7.7×10^2 世紀	8.4×10^{16} 世紀	2.6×10^{32} 世紀

図 13.10　1 MIPS のコンピュータが数 $f(n)$ を数え上げるに要する時間

じるのは現実的でない（コンピュータがたとえ 1000 倍速くなっても，例えば数え上げようとする数が 2^n の場合，$2^{10} = 1024 \fallingdotseq 1000$ だから，入力サイズ n を 10 減じるだけの効果しかないことにも注意しよう）．

上述のような背景のもと，スケジュールの直列化可能性を何とかより扱い易い形で体系化できないかとこれまで多くの研究がなされてきた．その結果，以下のような等価性，あるいは直列化可能性が提案されている．ここに，定義は下に行く程強いものになっている（つまり，相反直列化可能ならば，ビュー直列化可能であり，ビュー直列化可能ならば最終状態直列化可能であるが，何れも逆は真でない）．

- スケジュール S が最終状態直列化可能——最終状態等価
- スケジュール S がビュー直列化可能——ビュー等価
- スケジュール S が相反直列化可能——相反等価

しかし，スケジュール S を与えてそれとビュー等価な直列スケジュールが存在するか否かを問う問題，すなわち S がビュー直列化可能であるか否かを問う決定問題は **NP 完全**（NP-complete）であることが知られている（本章末コラム「NP 完全問題」）．したがって，この種の検証問題を多項式時間で解くことのできる，直列化可能性のための十分条件を見極めることが必要になってくる．それが，**相反等価**（conflict equivalent），あるいは**相反直列化可能性**（conflict serializability）である．次章では，これに焦点をあててトランザクションの同時実行を更に論じる．

第 13 章の章末問題

問題 1　複数のトランザクションを無秩序に同時実行させると異状が発生する．下図は 2 つのトランザクションの同時実行スケジュールである．

時刻	T_1	T_2
t_1	read(x)	—
t_2	—	read(x)
t_3	write(x)	—
t_4	—	write(x)
t_5	COMMIT	—
t_6	—	COMMIT

次の問いに答えなさい．
(問 1)　このスケジュールで発生する異状を何と称するか答えなさい．
(問 2)　このスケジュールで発生する異状の具体例をひとつ示してみなさい．

(問 3)　この異状を解消するにはどうしたらよいか述べなさい.

問題 2　複数のトランザクションを無秩序に同時実行させると異状が発生する. 2 つの
トランザクションを同時実行させたとき, 汚読 (dirty read) と称する異状が発生してしま
う同時実行スケジュールの一例を示し, 簡単な説明を加えなさい.

問題 3　データ項目 x があるフライトの空き席数を表しているとする. チケット購入を
予定している客$_1$ がトランザクション T_1 を発行して空き席数を確認したところ, $x=1$ と
残り 1 席空いていることを確認した. 同時に他の客$_2$ がトランザクション T_2 を発行して,
同じフライトの空き席数を確認したところ, 1 だったので早速その座席のチケットを購入
した. その後改めて T_1 が空き席数を確認したら, 空き席数は先程読んだ値と異なって 0 と
なっていて途方に暮れた. これは反復不可能な読み (nonrepeatable read) と称する異状
が発生したことによるが, この状況を表す同時実行スケジュールを作成してみなさい.

コラム　NP 完全問題

　NP は nondeterministic polynomial time (非決定性多項式時間) のことで, 非決
定性 Turing machine (= 非決定性アルゴリズム) を用いると多項式時間で解ける,
という意味である. NP でそのような問題のなすクラスを表す. このとき, **NP 完全
問題** (NP-complete problem) とは, クラス NP に属するすべての問題をそれに多項
式時間還元 (polynomial-time reduction) することができる NP 問題のことをいう.
充足可能性問題 (**SATISFIABILITY**), 巡回セールスマン問題, ハミルトン閉路
問題など多くの NP 完全問題が知られている. NP 完全問題の多項式時間アルゴリズ
ムはまだ発見されておらず, それらのいずれにも多項式時間アルゴリズムが存在しな
いことも証明できていない. P は polynomial time (多項式時間) のことで, 決定性
アルゴリズムを用いて多項式時間で解けるという意味であり, P でそのような問題の
なすクラスを表す. $P \neq NP$? はよく知られた未解決問題である. もし NP 完全問題
のいずれか 1 つを多項式時間で解くことができれば, 多項式時間還元の推移性から,
$P = NP$ となる.

　なお, 13.4 節末で述べたトランザクションのスケジュール S がビュー直列化可能か
どうかを問う決定問題が NP 完全であることは, 充足可能性問題をその問題に多項式
時間還元することができることで示されている.

第14章
同時実行制御
──スケジュール法と2相ロック法──

　最初，スケジュールの相反直列化可能性を検証するアルゴリズムを示す．このアルゴリズムは，多項式時間で直列化可能性を検証できる．しかし，スケジュール法はあらかじめ同時実行してほしいと要求してきたトランザクション群を同時実行するための方法で"静的"といわれる．したがって，トランザクションがオンラインで次から次へと到着してくる状況では同時実行のためのスケジュールを作れない．このために2相ロック法（2PL）という同時実行制御法が考え出された．"動的"な方法である．2PLはデッドロックという欠点があるが，多くのDBMSで実装されている．関連してSQLの隔離性水準を説明する．MVCCとスナップショット隔離性は本章末コラムで紹介する．

14.1　スケジュールの相反直列化可能性

　トランザクション群 $\{T_1, T_2, \cdots, T_n\}$ のスケジュール S が与えられたとき，S に従ってトランザクションを実行して，正当な結果が得られるか，それを保証してくれる十分条件としての検証アルゴリズムを述べる．このアルゴリズムは多項式時間で解けるので実用的であり，**相反グラフ解析**（conflict graph analysis）と呼ばれる．

■ 相反グラフ

S をトランザクション群 $\{T_1, T_2, \cdots, T_n\}$ のスケジュールとし，S の相反グラフを CG(S) で表し，次のように定義する：

(1) CG(S) は n 個のノード $T_1, T_2, \cdots, T_n$ からなる．

(2) ノード T_i から T_j に有向辺が張られるのは，あるデータ項目 x が存在し，S 中で次の何れかが成立するときとする（このとき，(i), (ii) あるいは (iii) の関係にある2つのステップは相反しているという）：

    (i)　ステップ $T_i : \mathrm{read}(x)$ がステップ $T_j : \mathrm{write}(x)$ に先行する．

    (ii)　ステップ $T_i : \mathrm{write}(x)$ がステップ $T_j : \mathrm{write}(x)$ に先行する．

    (iii)　ステップ $T_i : \mathrm{write}(x)$ がステップ $T_j : \mathrm{read}(x)$ に先行する．

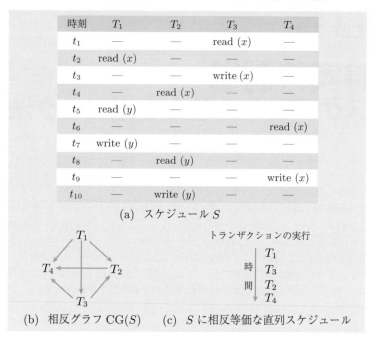

時刻	T_1	T_2	T_3	T_4
t_1	—	—	read (x)	—
t_2	read (x)	—	—	—
t_3	—	—	write (x)	—
t_4	—	read (x)	—	—
t_5	read (y)	—	—	—
t_6	—	—	—	read (x)
t_7	write (y)	—	—	—
t_8	—	read (y)	—	—
t_9	—	—	—	write (x)
t_{10}	—	write (y)	—	—

(a)　スケジュール S

トランザクションの実行

(b)　相反グラフ CG(S)　　　(c)　S に相反等価な直列スケジュール

図 14.1　相反グラフ解析

　図 14.1(a) にトランザクション群 $\{T_1, T_2, T_3, T_4\}$ の非直列スケジュールの一例を示す．上記に従って作成された相反グラフを同図 (b) に示す．

　次に，スケジュールの相反直列化可能性を定義する．

【定義】（相反直列化可能性）

　スケジュール S が**相反直列化可能**（conflict serializable）とは，ある直列スケジュール S' が存在して，S と S' が**相反等価**（conflict equivalent）のときをいう．ここに，一般にスケジュール S と S' が相反等価とは，相反している全ての 2 つのステップの順番が，S と S' で同一のときをいう．

　次の結果が知られている．

【定理】（相反直列化可能性）

　スケジュール S が相反直列化可能であるための必要かつ十分条件は S の相反グラフ CG(S) が**非巡回**（acyclic）であること．また，S に相反等価な直列スケジュールは CG(S) をトポロジカルソートすることにより得られる．

ここに，有向非巡回グラフ（directed acyclic graph，DAG）の**トポロジカルソート**（topological sort）とは，頂点 v_i から頂点 v_j へ有向辺があるならば v_i が順序付けで v_j の前に来るようにした，頂点 $v_1, v_2, \ldots, v_n$ の線形順序付けをいう．したがって，CG(S) が非巡回（＝サイクルがない）ならば S に等価な直列スケジュールは次のようにして得られる：CG(S) にサイクルがないので，入ってくる有向辺がないノードが少なくともひとつ存在する．これを $T_{(1)}$ とする．CG(S) から $T_{(1)}$ とそれに結合している有向辺を全て取り除き，同様の手続きを進める．全てのノードがなくなるまでこの手続きを繰り返すと，トランザクションの系列 $T_{(1)}, T_{(2)}, \cdots, T_{(n)}$ が S に等価な直列スケジュールとなる．図 14.1(c) にトポロジカルソートの結果得られた S に相反等価な直列スケジュールを示す．

したがって，スケジュール S が与えられたとき，それが相反直列化可能かどうかを検証するアルゴリズムは次のようになる．

■ **相反直列化可能性検証アルゴリズム**

(1) スケジュール S の相反グラフ CG(S) を作成する．

(2) CG(S) が非巡回かどうかを検証する．

(3) もし，CG(S) が非巡回ならば，S は相反直列化可能である．もし，そうでないなら，相反直列化可能ではない．

相反グラフは，S をトランザクション群 $\{T_1, T_2, \cdots, T_n\}$ のスケジュールとし，m を最長のトランザクションのステップ数とすれば，$m^2 \times n^2$ のオーダで作成できる．でき上がった相反グラフ CG(S) が非巡回かどうかは，グラフの次数が n なので，これも n^2 のオーダで検証できることが知られている．したがって，上記検証アルゴリズムは多項式時間で動き，実用に耐える．

14.2 2相ロック法

これまで述べてきたスケジュール法では，実行を依頼されたトランザクション群 $\{T_1, T_2, \ldots, T_n\}$ が与えられると，それらを実行する前に解析して，直列化可能な非直列スケジュールが見つかれば，それでトランザクション群を同時実行するという**静的**（static）なアプローチであった．コンピュータでジョブをバッチ処理するのに似ている．一方，トランザクションがオンラインでデータベースシステムに次から次へと入ってくる状況を考えると，一括して同時実行を考えるのではなく，**動的**（dynamic）にトランザクション群の同時実行制御を考えたくなる．それを実現する

方法には，ロック法（locking），時刻印順序法（timestamp ordering），楽観的制御法，多版同時実行制御（MVCC）などがあるが，本節ではこれまで多くのDBMSで実装されてきたロック法を解説する（MVCCは本章末のコラム「MVCCとスナップショット隔離性」に記す）．

さて，**ロック法**では，トランザクション群はあらかじめ決められたスケジュールに従って実行されるのではなく，**ロッキングプロトコル**（locking protocol）という約束事に従って実行される．具体的には，トランザクションのステップが実行されるときに，その読みや書きの対象となったデータ項目 x をロックしなければならないという約束から始まる．

■ **ロッキングプロトコル**

(1) トランザクションは，データ項目 x を読むにしろ書くにしろ，それを行う前にまず x を**ロック**（lock，施錠）しなければならない．

(2) もしロックしようとしたデータ項目が他のトランザクションによりロックされているならば，それをロックすることはできない．

(3) トランザクションは，データ項目のロックが不必要となったら，**アンロック**（unlock，解錠）する．

このプロトコルの**ロック両立性行列**（lock compativility matrix）を図14.2に示す．

要求＼状態	lock	－
lock	偽	真
－	真	真

行：データ項目 x に対するロック要求（lock）と要求なし（－）
列：データ項目 x にロック有（lock）とロックなし（－）の状態
真：両立
偽：両立しない（つまり要求は受け付けられない）

図14.2 ロック両立性行列

さて，実は，単にこのプロトコルに従っただけでは，トランザクション群の実行は一般には相反直列化可能性を保証しない．例えば，前章冒頭に示した遺失更新異状をきたしてしまったA夫とA子の同時実行（図13.3）が許されてしまう（このことを読者は確かめよ）．この問題を解決したのが，**2相ロッキングプロトコル**

（two-phase locking protocol，**2PL**）である．

■ 2相ロッキングプロトコル（2PL）

(1)　トランザクションは，データ項目 x を読むにしろ書くにしろ，それを行う前にまず x をロックしなければならない．

(2)　もしロックしようとしたデータ項目が他のトランザクションによりロックされているならば，それをロックすることはできない．

(3)　トランザクションは，データ項目のロックが不必要となったら，アンロックする．しかし，トランザクションは，読みや書きのために必要な**全て**のロックが完了する以前に，それらをアンロックすることはしない．

(3) 項により，トランザクションが 2PL に従って実行していくと，トランザクションが必要なデータ項目をどんどんロックしていく第 1 相（**成長相**）と，不要となったデータ項目をどんどんアンロックしていく第 2 相（**縮退相**）が観察されることとなる．図 14.3 にその様子を示す．

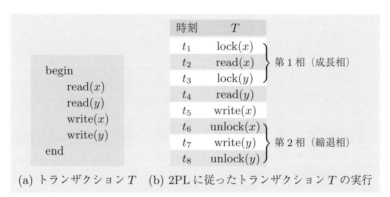

(a) トランザクション T　(b) 2PL に従ったトランザクション T の実行

図 14.3　2PL に従った単一トランザクションの実行例

さて，スケジュール（ここでは read と write に加えて lock と unlock も入った操作の系列とする）が**順法**（legal）であるとは，既に他のトランザクションがロックしているデータ項目を別のトランザクションがロックすることはない場合をいう（つまりロックが図 14.2 に示したロック両立性行列に従っている）．次の結果が知られている．

【定理】（2PL）
　もし，各トランザクションが 2PL に従うならば，相反直列化可能なスケジュールのみが順法である．

　つまり，2PL に従ってトランザクションを同時実行していく限り，相反直列化可能性を保証する，ということである．これが，2PL が同時実行制御のために広く採用されている理由である．

　図 14.4 に 2PL に従うトランザクションの同時実行の**順法スケジュール**例を示す．このようなスケジュールに従うと各トランザクションはそれを実行中に他のトランザクションステップが実行されることはあっても，そのトランザクションが読みや書きの対象としたデータ項目に対する他のトランザクションからの読みや書きはないので，相反グラフにサイクルの発生のしようがなく，したがって相反直列化可能である．

	begin		
	read(x)		
	write(x)		
	end		

(a) トランザクション T_1

	begin		
	read(y)		
	read(x)		
	write(y)		
	end		

(b) トランザクション T_2

時刻	T_1	T_2
t_1	lock(x)	—
t_2	read(x)	—
t_3	—	lock(y)
t_4	—	read(y)
t_5	write(x)	—
t_6	unlock(x)	—
t_7	—	lock(x)
t_8	—	read(x)
t_9	—	write(y)
t_{10}	—	unlock(x)
t_{11}	—	unlock(y)

(c)　2PL に従うトランザクション T_1 と T_2 の同時実行の順法スケジュール

時刻	T_1	T_2
$t_1{}'$	lock(x)	—
$t_2{}'$	read(x)	—
$t_3{}'$	write(x)	—
$t_4{}'$	unlock(x)	—
$t_5{}'$	—	lock(y)
$t_6{}'$	—	read(y)
$t_7{}'$	—	lock(x)
$t_8{}'$	—	read(x)
$t_9{}'$	—	write(y)
$t_{10}{}'$	—	unlock(x)
$t_{11}{}'$	—	unlock(y)

(d)　(c) に等価な直列スケジュール

図 14.4　2PL に従うトランザクションの同時実行例

　なお，2PL に従うとはいうものの，各トランザクションがいつの時点から第2相（縮退相）に入るのかを知るのは難しい．そこで，トランザクションが COMMIT 処理か ROLLBACK 処理を行って，コミットかアボートに到達した直後に，ロックしていたデータ項目を全てアンロックする方法が考えられる．この方法は，**厳格な 2PL**（rigorous 2PL）と呼ばれている．明らかに，各トランザクションが厳格な 2PL に従うなら，トランザクション群はそれらがコミットした順で直列化される．なお，トランザクションがデータ項目を読みのためだけにロックしていたのであれば，COMMIT 処理や ROLLBACK 処理を待たずにアンロックしてよいと厳格な 2PL を緩めた方式を**厳密な 2PL**（strict 2PL）と呼ぶ．明らかにこの方式の方が TPS の向上が期待され，多くの DBMS がこの方法を実装している．

■ 専有ロックと共有ロック

　図 14.2 で示したロック両立性行列では，トランザクション T_1 と T_2 が共にデータ項目 x を読む場合，もし T_1 が x をその実行のためにロックしてしまうと，T_2 はそれを読めなかった．しかし T_1 と T_2 が x を（書くのではなく）"読むだけ"なら，それら2つの操作を共に許してあげてもよいという考え方があり，その結果 TPS を向上させ得る．このため，次の2種類のロックを導入することが考え出された．

- 専有ロック（exclusive lock, e-lock）
- 共有ロック（shared lock, s-lock）

つまり，トランザクションがデータ項目を書くためにロックする場合には専有ロック，排他ロックともいう，をかけ，一方，（書くのではなく）読むためにロックする場合には共有ロックをかける．図 14.5 にこの場合のロック両立性行列を示す．2PL の概念はこの場合にも素直に拡張でき，【定理】（2PL）もそのまま成立する．この専有ロックと共有ロックの考え方は広く受け入れられ，多くの DBMS で実装されている．

要求＼状態	e-lock	s-lock	－
e-lock	偽	偽	真
s-lock	偽	真	真
－	真	真	真

図 14.5　専有ロックと共有ロックを考慮したロック両立性行列

14.3　デッドロック

　2PL に従ったスケジュールは相反直列化可能性を保証されることが分かったが, ロッキングプロトコルにはひとつ大きな欠点がある. それは**デッドロック**（deadlock, 死の抱擁などと記す）の発生で, このためにトランザクションの実行ができなくなってしまうことがある.

　例えば, 図 14.6 に示すトランザクション T_1 と T_2 はその実行のために, 共にデータ項目 x と y のロックを必要とする. いま時刻 t_1 に T_1 が lock(x) を実行し, 次の時刻 t_2 に T_2 が lock(y) を実行したとする. 続いて T_1, T_2 が各々第 1 ステップ read(x) と read(y) を実行し, 続けて T_1 が第 2 ステップ read(y) の実行のために lock(y) を要求すると, T_2 がロックしている y はまだアンロックされていないのでそれは待ちの状態に入る. 一方, T_2 においても同様で, 第 2 ステップ read(x) の実行のために lock(x) を要求して, 待ちの状態に入る. しかし, T_2 が y をアンロックするには T_1 がロックしている x がアンロックされることが必要で, つまり, T_1 と T_2 はお互いに相手の終了を待つという**永久待ち**の状態, すなわち, デッドロックに陥ってしまう. この状況を表す**待ちグラフ**（wait-for graph）を図 14.7 に示す.

	T_1		T_2
	begin		begin
	read(x)		read(y)
	read(y)		read(x)
	write(x)		write(y)
	end		end

(a)　トランザクション T_1 とトランザクション T_2

時刻	T_1	T_2
t_1	lock(x)	—
t_2	—	lock(y)
t_3	read(x)	—
t_4	—	read(y)

これ以降はロック両立性行列に順法であろうとする限り進めない

(b)　デッドロックの発生

図 14.6　2PL に従ったトランザクションの実行例——デッドロックの発生——

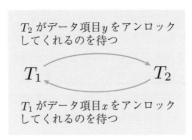

図 14.7　デッドロックの発生——待ちグラフ——

　さて，DBMS は，円滑なトランザクション処理を行うために，デッドロックを検出することが必要で，そのために待ちグラフを作成するが，明らかに待ちグラフにループがあることがデッドロックが発生している必要かつ十分条件だから，もしループが検出された場合，この状況は打開されねばならない．このために，DBMS はその責任において，T_1 か T_2 の何れかを**生贄**（victim）として強制的にアボートさせる．この例では，もし T_1 を生贄とすれば，データ項目 x がアンロックされることになるから，それを待っていた T_2 が lock(x) を行え，その結果 T_2 が実行可能となる．その結果，x も y もアンロックされるから，その後に T_1 が実行できるかもしれない．この際に問題となるのが，どのトランザクションを生贄とするかである．長幼の序を重んじて若いトランザクションを生贄にする，小さなトランザクションを生贄にするなどの考え方がある．

　この**デッドロック検出**（deadlock detection）の議論は一般に同時に実行するトランザクションの数が 3 以上でも勿論成立する．この方式ではデッドロックを検出するためには待ちグラフを作らないといけないが，どれくらいの時間間隔で待ちグラフを作るかという問題もある．頻繁に作ればその分オーバヘッドが大きくなり，間隔を広げればデッドロック検出の頻度が落ちる．まず，ある間隔を初期設定して，あまりデッドロックが起こらないようであれば，その間隔を広げ，逆に頻繁に起こるようであれは，その間隔を縮めるというような動的な方法が考えられる．

　デッドロックの検出と解消法はデータベースが複数のサイトに分散している分散型データベースシステムでも用いられている．この場合，待ちグラフはサイトをまたいでグローバルに作成される．

　デッドロックの問題は，単に発生したデッドロックを"待ちグラフ"を作り検出して解消しようとするに留まらず，デッドロックを絶対に起こさせない，すなわちその発生を予防してしまおうという考え方もある．これを**デッドロック防止**（dead-lock prevention）という．一番横着な方法は，**保守的 2PL**（conservative 2PL）

で，トランザクションが前もって必要なロックを全てかけてから実行を開始する，であるが，これは極端にトランザクションの同時実行性を下げる（すなわち TPS が出ない）から勧められる方法ではない．これまで，様々なアプローチが考案されてきている．時刻印（timestamp）を使う方法も提案されているが，実際にはこれといって有効なデッドロック防止策はなく，上述の待ちグラフによるデッドロック検出と生贄による解消アプローチを実装するのが標準的である．

■ 同時実行スケジューラ

　トランザクション群が与えられたとき，スケジュール法や 2PL といった手法を使ってそれらを直列化可能なように実行させる DBMS のモジュールを**同時実行スケジューラ**（concurrent execution scheduler），単に**スケジューラ**，という．もし 2PL を用いてトランザクションの同時実行制御を行うのであれば，スケジューラはロックの両立性行列に従ったトランザクションステップの実行を制御すると共にデッドロックの解消も行うことになるから**ロックマネジャ**（lock manager）の機能を併せ持つ．同時実行スケジューラはトランザクションマネジャや障害時回復マネジャと協調してデータベースシステムの円滑な稼動を実現する（11.4 節参照）．

14.4　SQL の隔離性水準

　トランザクションの**隔離性**（isolation）はトランザクションの同時実行制御と深く関係している．これに関して SQL は SQL-92 の改正で隔離性を 4 つの水準（level）に分けて制定した．それらは次の通りである．

　　　SERIALIZABLE
　　　REPEATABLE READ
　　　READ COMMITTED
　　　READ UNCOMMITTED

そして，これら 4 つの水準を規定するために，トランザクション群の同時実行の直列化可能性を阻害する要因として次に示す 3 つの異状現象を導入した．

　　　汚読（おどく）
　　　反復不可能な読み
　　　幽霊

汚読や反復不可能な読みの具体例は 13.2 節で示しているところではあるが，ここでは 3 つの異状を形式的に示す．

■ 汚　読

　トランザクションがまだコミットしていないトランザクションのデータ項目を読むことにより発生する異状を**汚読**（dirty read）という．この異状現象が起こるスケジュールの一例を示す．

時刻	T_1	T_2
t_1	write(x)	—
t_2	—	read(x)
t_3	—	COMMIT
t_4	ROLLBACK	—

　T_1 は ROLLBACK されてしまうので，トランザクション T_2 は結果的にこの世に存在していなかったデータ項目値を読んだことになる．なお，t_3 と t_4 は時間的順序が逆転していてもよい．

■ 反復不可能な読み

　トランザクションを実行中，read(x) の値がそれを再度読むと以前と値が異なっているという異状現象を**反復不可能な読み**（nonrepeatable read）という．この異状現象が起こるスケジュールの典型例を下に示す．このとき，トランザクション T_1 は時刻 t_1 でデータ項目 x を読み，次いで時刻 t_4 でそれを再度読んでいるが，その間にトランザクション T_2 がデータ項目 x を書き換え（削除も含む）COMMIT しているので，（汚読ではないが）T_1 が時刻 t_1 で読んだデータ項目 x と時刻 t_2 で読んだデータ項目 x は値が一般に異なり，再現性がない．もし，読みや書きのために必要なデータ項目をロックしトランザクションが終了するまではアンロックしないという 2PL に従えば，この異状現象は発生し得ない．

時刻	T_1	T_2
t_1	read(x)	—
t_2	—	write(x)
t_3	—	COMMIT
t_4	read(x)	—
t_5	COMMIT	—

■ 幽　霊

　あるトランザクション T_1 が探索条件 P（例えば，SQL の WHERE 句で指定される探索条件がこれに相当）を満たすデータを読み込んだとする（これを read(P) で表す）．その後，別のトランザクション T_2 が P を満たす新たなデータ y を挿入

したとする（これを write(y in P) と表す）．その後，T_1 が再度 read(P) を行うと，前回の read(P) ではなかった y が出現する．この異状現象を**幽霊**（phantom）という（ここでは y が幽霊である）．それが起こるスケジュールの典型例を示す．

時刻	T_1	T_2
t_1	read(P)	—
t_2	—	write(y in P)
t_3	—	COMMIT
t_4	read(P)	—
t_5	COMMIT	—

　反復不可能な読みと幽霊現象の違いは，後者ではデータ項目ではなく，探索条件，より理論的な用語では**述語**（predicate），を用いてデータの読み書きを行っているところにある．したがって，データ項目ではなく，読みや書きのために必要な述語に対してロックをかけることができれば幽霊現象を防げることになる．しかしながら，2PL はそこまでは考えていなかった．

　このような背景のもと，SQL は上記 3 種の異状現象を用いて，トランザクションの隔離性水準を図 14.8 に示すように規定した．

違反形態 隔離性水準	汚読	反復不可能な読み	幽霊
READ UNCOMMITTED	許す	許す	許す
READ COMMITTED	許さない	許す	許す
REPEATABLE READ	許さない	許さない	許す
SERIALIZABLE	許さない	許さない	許さない

図 14.8　SQL のトランザクションの隔離性水準と違反形態

■ SQL の隔離性水準の実現法

　SQL の隔離性水準をどのようにして実現するのかを概観するが，SQL が隔離性水準を制定した 1992 年当時は，トランザクションの同時実行制御といえば 2PL によっていたという時代背景を認識する必要がある．そうすると，SQL の隔離性水準は，2PL が「専有ロックと共有ロックを許したロック両立性行列」（図 14.5）に従っているとして，次のようにして実現できる．

(a)　SERIALIZABLE：2PL に加えて述語ロックを実装する．

(b)　REPEATABLE READ：2PL を実装する．なぜなら，2PL とロック両立性行列に従うならば相反直列化可能であるので（【定理】(2PL))，反復不可能

な読みも汚読（おどく）も発生しない.

(c)　READ COMMITTED：2PL の実装を緩める. つまり, 専有ロックはトラ
ンザクションがコミットするまでロックしたデータ項目をアンロックしない
が, 共有ロックは読みが終了したら（縮退フェースに入るのを待たずに）す
ぐにアンロックする. したがって, 読み終えたデータ項目を再び読んだとき
に, その間に他のトランザクションがそれを書き換えているかもしれないか
ら, 反復可能な読みは保証されない. しかし, 専有ロックの効果で汚読は起こ
らない.

(d)　READ UNCOMMITTED：2PL の実装を更に緩める. つまり, ロックは
専有ロックのみとする. 読みにロックを必要としないので, まだコミットして
いないトランザクションの書きも読めて, 汚読が発生する可能性がある.

■ MVCC と隔離性水準

　近年, トランザクションの同時実行制御のために 2PL ではなく MVCC（多版同
時実行制御）が幾つかの主要な DBMS で実装されている. 2PL とは仕組みが異な
り, 2PL を前提とした SQL の隔離性水準と MVCC が実現する隔離性水準では様
相が異なってくる.

　詳細は本章末のコラム「MVCC とスナップショット隔離性」に記すので, 興味を
抱いた読者は参照されたい.

第 14 章の章末問題

問題 1　一般に, トランザクション群 $\{T_1, T_2, \ldots, T_n\}$ が与えられたとき, それらをど
のように同時実行していくかを表したトランザクションステップの系列をスケジュールと
いう. 次の問いに答えなさい.

(問 1)　スケジュール S が相反直列化可能であるかどうかを検証する必要かつ十分な方
法に相反グラフ解析がある. S の相反グラフを CG(S) とすれば, CG(S) のノー
ドは $T_1, T_2, \ldots, T_n$ である. さて, ノード T_i から T_j に有向辺が張られるのは,
あるデータ項目 x が存在して, S 中で T_i と T_j のステップ間に, 3 つの場合の
何（いず）れかが成立しているときである. これら 3 つの場合とは何か, 示しなさい.

(問 2)　CG(S) がどのような条件を満たしているときに, S は相反直列化可能なのか,
その条件を述べなさい. また, そのとき, S に相反等価な直列スケジュールは
CG(S) をどうすると得られるのか, 述べなさい.

(問 3)　トランザクション群 $\{T_1, T_2, \ldots, T_5\}$ のスケジュールは下に示す通りとする.
このとき, S の相反グラフ CG(S) を示しなさい.

スケジュール S

時刻	T_1	T_2	T_3	T_4	T_5
t_1	—	—	—	—	read(x)
t_2	—	read(x)	—	—	—
t_3	—	—	—	—	write(x)
t_4	read(x)	—	—	—	—
t_5	—	—	—	read(x)	—
t_6	—	read(y)	—	—	—
t_7	write(x)	—	—	—	—
t_8	—	—	read(x)	—	—
t_9	—	write(y)	—	—	—
t_{10}	—	—	—	read(y)	—
t_{11}	—	—	write(x)	—	—
t_{12}	—	—	—	write(y)	—

(問 4)　(問 3) で求めた相反グラフを使って，S に相反等価な直列スケジュールを示しなさい.

問題 2　トランザクションの同時実行制御について，トランザクション群 $\{T_1, T_2, \ldots, T_5\}$ のスケジュール S は下に示す通りとする.

スケジュール S

時刻	T_1	T_2	T_3	T_4	T_5
t_1	—	—	—	read(x)	—
t_2	—	read(y)	—	—	—
t_3	—	—	—	—	read(x)
t_4	—	—	—	write(x)	—
t_5	—	read(z)	—	—	—
t_6	—	write(z)	—	—	—
t_7	—	—	read(x)	—	—
t_8	—	—	—	—	read(y)
t_9	read(x)	—	—	—	—
t_{10}	—	—	—	—	read(z)
t_{11}	—	—	—	—	write(z)
t_{12}	write(x)	—	—	—	—
t_{13}	—	—	—	—	write(y)
t_{14}	—	—	read(y)	—	—
t_{15}	—	—	write(y)	—	—

以下の問いに答えなさい.
(問 1)　スケジュール S の相反グラフ CG(S) を作成しなさい.
(問 2)　(問 1) で作成した相反グラフから判断して，スケジュール S は相反直列化可能

かどうか，その理由と共に答えなさい．

(問 3) もし，スケジュール S が相反直列化可能ならば，S に相反等価な直列スケジュールはどのようにして得られるのか説明し，またその結果を示しなさい．

問題 3 トランザクション T_1 と T_2 の同時実行制御につき，次の問いに答えなさい．

T_1	T_2
begin	begin
read(x)	read(y)
write(x)	read(x)
end	write(y)
	end

(問 1) T_1 と T_2 を同時に実行する非直列スケジュールを全て示しなさい．ただし，それらのスケジュールは T_1 の第 1 ステップから実行を開始するとする．

(問 2) ロックの両立性行列とは何か，図を交えて説明しなさい．

(問 3) (問 1) で得られた非直列スケジュールのうち，2 相ロッキングプロトコル（2PL）に従った場合に実現されるスケジュールはどれか，理由も述べて示しなさい．

(問 4) (問 3) で得られた非直列スケジュールにつき，トランザクション T_1 と T_2 を 2PL に従い実行させたときのスケジュールを示しなさい．

(問 5) (問 3) で得られたスケジュールの相反グラフを示しなさい．

(問 6) (問 5) で得られた相反グラフをトポロジカルソートすると (問 3) で得られたスケジュールに等価な直列スケジュールが得られる．それを示しなさい．

問題 4 SQL の隔離性水準では 4 つの隔離性水準：① READ COMMITTED，② REPEATABLE READ，③ READ UNCOMMITTED，④ SERIALIZABLE が規定されている．次の問いに答えなさい．

(問 1) ①～④ を隔離性水準が高いものから低い順に並び替えた結果を示しなさい．

(問 2) 上記 4 つの隔離性水準は，(a) 反復不可能な読み，(b) 幽霊，(c) 汚読という異状現象の発生により区別され階層化されている．では (a)～(c) はどの水準とどの水準を区別する異状現象なのか答えなさい．解答は，例えば，⑤ (d) ⑥ というような具合に書きなさい．このとき，(d) は異状現象で ⑤ は ⑥ より隔離性水準が高いとする．

(問 3) 隔離性水準を実現しようと 2 相ロッキングプロトコルをそのまま実装した．このとき実現される隔離性水準は ①～④ のうちどれか答えなさい．

コラム　MVCC とスナップショット隔離性

　トランザクションの同時実行制御の新しい方式として **MVCC**（multi-version concurrency control，**多版同時実行制御**）が幾つかの主要なリレーショナル DBMS で実装されている．MVCC を用いると，SQL が取り上げた，汚読，反復不可能な読み，幽霊という 3 つの異状現象は発生しないので，SQL の定めた SERIALIZABLE を達成していると主張できる．しかしながら，そのままでは書出しスキュー異状や読込み専用トランザクション異状など様々な異状が発生するので，本来の意味での直列化可能性（13.3 節）を実現できてはいない．ではどうするか，本コラムでは多少長くなるがその辺の事情を述べておく．

■ MVCC と SI

　MVCC のもとでは，トランザクション群は 1 つのデータベースを競合してアクセスするのではなく，書出し（write）は他の書出しに邪魔されることなく自分のバージョンを作成して行え，読込み（read）は規則に基づいてある特定のバージョンを読めばよい[1]．様々なトレードオフや性能の観点から MVCC の実装法に標準はないが，**SI**（snapshot isolation，**スナップショット隔離性**）が幾つかの主要なリレーショナル DBMS で実装されている．SI では個々のトランザクションはその開始にあたり，その時点でのデータベースの最新のバージョンである**スナップショット**（snapshot）を与えられ[2]，それを用いてトランザクションを実行する．自分自身のスナップショット内で読込み／書出しができるため，論理的には読込みは他のトランザクションの書出しをブロックしないし，逆も真で書出しは他のトランザクションの読込みをブロックしない．そうすると，読込み専用のトランザクションは他のトランザクションに煩わされることなく常に仕事を完遂できるが，これで困ることとしては，更新結果は最終的に共有しているデータベースに反映されないといけないから，異なるトランザクションが同じデータ項目 x にそれぞれ更新をかけて，それを COMMIT したときの処理をどうするかである．例えば，トランザクション T_1 は x を 10 に，トランザクション T_2 は x を 100 に更新したとき SI としてどう振る舞うかである．この "書出しと書出しの衝突（write-write conflict）" という問題を解決するために導入された規則が "**First-Committer-Wins**"（最初にコミットしたトランザクションが勝つ）である．上の例では，もし T_1 が T_2 より早くコミットしたとすれば，データベースのデータ項目 x は 10 と更新され，T_2 はアボートされる．

■ 書出しスキュー異状と SSI

　さて，上述のように，SI のもとでは，スナップショットの撮られ方からコミットされていないデータはそこに存在しないから汚読は発生しない．同じスナップショットでトランザクションを実行している限り反復不可能な読みは発生しないし，幽霊も発生しない．従って，SQL の SERIALIZABLE を達成していると主張できる．しかしながら，幽霊現象の MVCC 版とでもいった書出しスキュー異状や読込み専用トラ

---

[1] MVCC のより詳しい説明は，例えば，拙著『リレーショナルデータベース入門［第 3 版］』11.5 節「多版同時実行制御（MVCC）」を参照されたい．

[2] スナップショットとはそれが撮られた時点でコミットされていた全てのトランザクションの実行結果を反映したインスタンスとしてのデータベースの状態をいう．

ンザクション異状など様々な異状が発生するので，本書13.3節で示した本来の意味
での直列化可能性を実現しているとはいえない．そこで，まず，**書出しスキュー異状**
（write skew anomaly）の例を示し，続いて，MVCCのもとで本来の直列化可能性を
どのようにして実現しているかの要点を述べることとする．

【書出しスキュー異状の例】

銀行口座を増設する場合，この銀行では口座は1人あたり2口座までという制約が
ある．でも，この銀行に現在口座を1つ開設している山田太郎は事情があって，でき
れば3口座持ちたい．それは可能か？

さて，この銀行の口座増設トランザクションは，まず，利用者の現在の口座数を検
索しその値が1なら口座を1つ増設することを許可する仕組みであるとする．このと
き，現在の口座数が1の山田太郎が口座増設トランザクションを2つ同時にSIのも
とで走らせたとしよう．両トランザクション共に口座数の初期値は1であるから増設
できて，結果として2つの新規口座が挿入されて，計3つの口座を持てたことになる
（この例では新規口座の開設にあたり100円預け入れた）．これですんなり山田太郎の
願望は叶った訳だが，銀行にとっては困ったことである．この状況を図14.9に示す．
ここに，リレーション口座は口座(名前，口座番号，残高)とする．

では，なぜこのようなことになってしまったのか．これを防ぐことはできないの
か？ それを検知するのが**rw-従属性**（rw-dependency）である．（14.1節での相反グ
ラフと同様に）全てのトランザクションをノードとする直列化グラフ（serialization
graph）を描いたとき，ノードT_1からT_2に，$T_1 \xrightarrow{\text{rw}} T_2$のように点線の矢印が書き
込まれるのは，T_1がデータ項目xのあるバージョンを読み込み，かつT_2が書出しに
よりxのより新しいバージョンを作り出しているときである．これを表現したのが
rw-従属性であるが，SIのもとではT_1はT_2の書出しを見ることができないから，（直
列化可能性という観点からは）T_2に先行してT_1が実行されていなければならないと
いうことを表している．したがって，図14.9の例では，図14.10に示すように2つの
rw-従属性がサイクルを作ってしまい "書出しスキュー" が発生している．解決策は，

時刻	T_1	T_2
t_1	SELECT count(口座番号) AS x FROM 口座 WHERE 名前 = '山田太郎'	—
t_2	—	SELECT count(口座番号) AS x FROM 口座 WHERE 名前 = '山田太郎'
t_3	IF $x < 2$ THEN INSERT INTO 口座 VALUES ('山田太郎', 00123456, 100) COMMIT	—
t_4	—	IF $x < 2$ THEN INSERT INTO 口座 VALUES ('山田太郎', 00234567, 100) COMMIT

図14.9　書出しスキュー異状の発生例

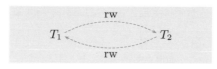

図 14.10　書出しスキューの直列化グラフ

2PL のデッドロック解消のときと同じく（14.3 節），T_1 か T_2 を生贄（いけにえ）にする（その結果，口座は高々 2 つまでしか開設できず，銀行はホッとする）．

　この議論は**読込み専用トランザクション異状**（read-only transaction anomaly）など様々な異状を排除できるように一般化されて，**SSI**（serializable SI，**直列化可能 SI**）が考案され，現在幾つかのリレーショナル DBMS で実装されている．SSI は SI をベースにしているため，読込みが他のトランザクションの書出しをブロックしない，かつ，書出しが他のトランザクションの読込みをブロックしないという特徴を保つので，その性能が多くの場合で 2PL を凌駕し SI にも迫ると報告されている．なお，SSI は本来の直列化可能性を実現できるが，SSI はそのための十分条件にしかすぎない．つまり，SSI のもとではトランザクションの同時実行が本当は直列化可能であるのに排除されてしまうという**偽陽性**（false positive）となることがある．しかし，多くの場合でその可能性は低い．

■ MVCC と SQL の隔離性水準

　14.4 節で記したように，SQL-92 で制定されたトランザクションの隔離性水準は，当時 2PL が同時実行制御の中心技術であったことを色濃く反映している．したがって，2PL とは発想の異なる MVCC で同時実行制御を行っている DBMS がどのようにして SQL の隔離性水準を実現しているのか興味深い．一例として，OSS のリレーショナル DBMS として広く受け入れられている PostgreSQL は，SERIALIZABLE が指定されると SSI で，REPEATABLE READ が指定されると SI で，READ COMMITTED が指定されるとトランザクションは各読み（read）の前に新しくスナップショットを取り直すように SI を緩めて対応している（現状では READ UNCOMMITTED は実装されておらず，それを指定すると READ COMMITTED として扱われる）．

第15章
ビッグデータと NoSQL

ビッグデータはリレーショナルデータベースがこれまで管理・運用の対象としてきたデータとはデータモデルやデータの管理・運用体系で根本的に異なる. トランザクション管理に目を向ければ, リレーショナルデータベースは ACID 特性を金科玉条のごとくに堅持するがビッグデータではそうではない. そこでは, 結果整合性という考え方のもと, BASE 特性に基づく新たなデータベースの一貫性が特徴的である. 更に, ビッグデータをマイニングすることで, そこに埋もれていた知識を発見することができる.

15.1 ビッグデータとは

ビッグデータ (big data) という用語が市民権を得て久しい. しかし, ビッグデータとは何かを定義しようとしても, リレーショナルデータベースのコッド博士のような教祖がいる訳でもなく, またその言葉は社会現象化しているようなところもあり, 学問的に厳格な定義を与えようとしても難しい. しかしながら, 2001 年にマーケティング調査などを行う米国の Gartner 社のアナリストが, e-コマース (e-commerce, 電子商取引) 時代に求められるデータ管理について, 次に示す 3 つの V で始まる概念を満たすデータがビッグデータであるとした定義が広く受け入れられている.

- Volume
- Velocity
- Variety

ここに, volume (量) とは data volume のことで, 扱わないといけないデータ量が膨大であることをいう. Velocity (速度) は data velocity のことで, e-コマースは顧客とのやり取りのスピードが競争優位の決め手となってきているから, そのやり取りの中で発生するデータのペース (pace) は増大していることをいう. Variety (多様性) は data variety をいい, 取り扱わないといけないデータは様々であるということである. なお, volume は, どれぐらいのデータ量でもってビッグというかに

ついては，テラバイト（terabytes, 1 兆バイト），ペタバイト（petabytes, 1000 兆バイト），エクサバイト（bytes, 100 京バイト）級のデータなどと唱える者もいるが，そのように定義されるべきものでもない．むしろ，絶対的な量もさることながら，ビッグデータでは通常なら**外れ値**（outlier）として排除されてしまうようなデータも排除しないで，網羅的にデータが収集され処理されることに意味がある．

　さて，ビッグデータの反意語は**スモールデータ**ということになるが，これまで数理統計学が分析の対象としてきた標本データの世界はまさにスモールデータということになろう．そこでは，全データを統計処理の対象とすることが難しい場合が多く，処理が可能なように母集団から少数の**標本**（sample）を抽出して，それを基に分析を行い，その結果を全体の性質として敷衍しようとする．従って，外れ値は雑音として排除されてしまうことが多く，外れ値をも大事にしてビッグデータを発掘して新たな知識を発見しようとするデータマイニングの発想とは根本的に異なる点に注意したい．

■ ビッグデータの本質

　ビッグデータの本質とは何か？ これに関して，マイヤー＝ショーンベルガー（Mayer-Schonberger）とクキエ（Cukier）がその著書で次のように論じているのは傾聴に値する．曰く，ビッグデータに厳密な定義はないが，まとめれば，「より小規模ではなし得ないことを大きな規模で実行し，新たな知の抽出や価値の創出によって，市場，組織，更には市民と政府の関係を変えることなど」，それがビッグデータであると．つまり，インターネットやウェブ時代の到来により扱うべきデータの種類や量がとてつもなく増大したから Hadoop といったファイルの並列分散処理技術が開発されたり，あるいはデータベース技術に関していえば，従来のリレーショナルデータベースの枠組みでは扱いが容易ではないセンサからの時系列データ，GPSからの位置データ，ウェブのアクセスログ，e-コマースでの顧客の購買履歴，ツイッターのツイートなど，多様で膨大なデータを扱うために NoSQL の技術が開発されたりしているのは紛れもない事実ではあるものの，それらはビッグデータの技術的な側面をいい当てているにすぎないのであって，**ビッグデータの本質**は，人々の意識に（次に示す）3 つの大きな変化をもたらすものであるとし，その 3 つが相互に結びついて大きな力を発揮することによって，ビジネスや社会に想像を絶するパラダイムシフトを生じせしめると主張している．ここで 3 つの変化とは次の通りである．

　(a)　ビッグデータでは，全てのデータを扱う．

　(b)　ビッグデータでは，データは乱雑であってよい．

　(c)　ビッグデータにより，「因果関係から相関関係」へと価値観が変わる．

　まず，(a) については，上述の通り，これまではデータの管理や分析ツールが貧弱で膨大なデータを正確に処理することが困難であったから，全データから適当数のデータを無作為でサンプリングして得られた無作為標本を基に分析作業を行ってきた．しかし，無作為であることを担保する難しさや分析の拡張性や適応性に欠ける点に問題があった．一方で，データを丸ごと使うと，埋もれていた物事が浮かび上がってくる．例えば，クレジットカードの不正利用の検知の仕組みは利用者パターンの変則性（つまり，外れ値）を見つけ出すことだから，標本ではなく全データを処理しないと見えてこない．データ全体を利用することが，ビッグデータの条件となる．その意味で，ビッグデータは絶対数でビッグである必要はなく，標本ではなく，全データを使うところが要点である．

　次に，(b) について述べる．全データを使うと誤ったデータや破損したデータも混入してくる．いうまでもないが，従来のデータ処理では，このようなデータを処理以前にいかに取り除くかという"前処理"にまず力を注いだ．スモールデータではそのようなデータを除去して質の高いデータを確保することが必要であったからである．しかし，ビッグデータではその必要性は薄れる．なぜならば，精度ではなく確率を読み取るのがビッグデータであるからである．例えば，農園の気温を計測する場合を考えれば，温度センサが1個しか設置されない場合にはセンサの精度や動作状況を毎回確認しなければならないが，多数設置されていれば幾つかのセンサが不具合なデータを上げてきても，多数の計測値を総合すれば，全体としての精度は上がると考えられる．加えて，多数の無線センサからネットワークを介してデータが時々刻々と送られてくる場合には，時系列的に計測値に反転が起こるかもしれない．しかし，量が質を凌駕するのがビッグデータであり，データは乱雑（messy）であってよい．

　(c) でいっていることは，極めて大事である．ビッグデータでは，（少量のデータではなく）データを丸ごと使い，データは（正確さではなく）粗くてもよいところにその本質があると (a) と (b) で述べた．そのような前提でデータ処理をすると，当然の帰結として事物に対する価値観に根底から変革が生じることになる．つまり，この膨大で乱雑なデータ全体から，どのような金塊を採掘することができるのか？　それが問われることになるが，その切り札がデータマイニング（data mining）による**相関関係**（correlation）の発見である．ビッグデータが相手では，仮説を立てて検証し，**因果関係**（causality）を立証しようとするような従来的手法は現実的ではないからである．例として，中古車ディーラが中古車を競り落とすオークションに出品されている中古車のうち，問題がありそうなクルマを予測するアルゴリズムを競うコン

テストがあったが，中古車ディーラから提供されたデータを相関分析（correlation analysis）した結果，「オレンジ色に塗装されたクルマは欠陥が大幅に少ない」ことが分かったという（欠陥は他のクルマの平均値の半分程）．これは中古車の品質についての極めて重大な発見であるが，ここで大事なポイントは「なぜ？」とその理由を問うてはいけないということである．塗装がオレンジ色であることと欠陥の少なさに相関関係があるという事実が大変大事なのであって，その理由を説明しようとはしない方が賢明であるということである．このような事例は枚挙に暇がないが，因果関係ではなく相関関係を問うデータマイニングこそがビッグデータなのである．

15.2　NoSQL

　ビッグデータという用語と並んで，NoSQL という用語も定着している．NoSQL と聞くと，No, thank you. を連想し，SQL（＝ リレーショナルデータベース）不要！と聞こえて，リレーショナルデータベースの信奉者はギョッとする．しかし，その真意は Not only SQL，つまり「（データベースは）リレーショナルデータベースばかりではないんだよ」ということで，少しホッとする．

　さて，**NoSQL** はビッグデータをそれぞれの組織がそれぞれの目的に適するように開発したビッグデータのための管理・運用システムの総称ということになる．NoSQL の開発事例は数多く報告されており，例えば，Google は Bigtable を，Amazon は Dynamo をといった具合である（AWS が提供する DynamoDB とは別物であることに注意）．当然のこととして，それらのシステムは構築された目的が異なるからアーキテクチャも自ずと異なる．しかしながら，これまで開発されてきた NoSQL をデータモデルの観点から分析してみると，大まかに次のように分類できる．

(a)　キー・バリューデータストア

(b)　列指向データストア

(c)　文書データストア

(d)　グラフデータベース

　(a) **キー・バリューデータストア**の典型例は，Amazon が大規模な e-コマース事業を高い可用性とスケーラビリティのもとで運用可能とするために自社用に開発した Dynamo と名付けられたキー・バリューストレージシステム（key-value storage system）である．キー・バリューデータストアが実装するデータモデルを

キー・バリューデータモデル（key-value data model）
という．このモデルは，Amazon の提供する多くのサー
ビスが，格納されているデータに対して主キー（pri-
mary key）によるアクセスしか必要としないという現
実から生まれたという．このモデルはいたって単純で，
その様子を図 15.1 に示す．バリューは BLOB（binary
large object）型である．Dynamo の大きな特徴のひと
つはキー・バリューデータモデルに加えて結果整合性の
実装であるが，次節で詳述する．

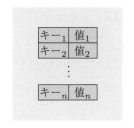

図 15.1　キー・バリュー
データモデル

(b) 列指向データストアの典型例は，Google が開発した Bigtable である．列指
向データストアが実装するデータモデルを列指向データモデル（column-oriented
data model）という．図 15.2 にその様子を示す．

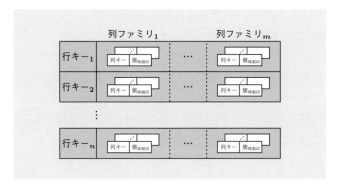

図 15.2　列指向データモデル

列指向と呼ばれているのは，行キーに付随する値の部分が 列ファミリ—列キー—
時刻印付の値 という具合に 3 次元の入れ子構造になっているからである．Bigtable
は多数のコモディティサーバ[1]（commodity server）をネットワーク接続してペタ
バイト級のデータを格納でき，例えば Google のクローラ Googlebot がインター
ネット上を徘徊して世界中から収集してきた Web ページを格納して高速に検索す
る用途に適している．図 15.3 に Googlebot が収集してきた Web ページを格納して
いる Bigtable の様子を示すが，Bigtable の行キーは任意長の文字列で，Web ペー
ジの URL を反転させた文字列（検索をトップレベルドメインから始めるため）で

---

[1] コモディティ（commodity）とは日用品とでもいうような意味で，特別仕様ではなく通常どこ
　　でも手に入るコンピュータを意味する．

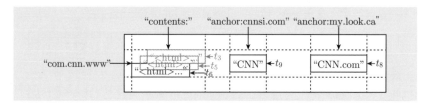

図 15.3　Web ページを格納している Bigtable の様子

ある．この例では，www.cnn.com が com.cnn.www と反転させられている．Bigtable は行キーの辞書的順序でソートされている．列ファミリはアクセスの単位で，列キーは "ファミリ:修飾子" と定義される．この例では 3 つの列キー：contents:, anchor:cnnsi.com, anchor:my.look.ca が示されている．列キー contents: には時刻印 t_3, t_5, t_6 が付与された 3 枚の Web ページが格納されている（contents の修飾子は空）．列キー anchor:cnnsi.com には，Sports Illustrated 社の時刻印 t_9 のホームページの CNN というテキストがアンカ（anchor）となり，（それ以前に生成されていた時刻印 t_6 を持つ CNN ホームページを参照していたので）時刻印 t_9 が添付されたテキスト CNN が格納されている．列キー anchor:my.look.ca についても同様である．Bigtable の行の数や列ファミリ中の列の数に上限は設けないが（例えば，CNN のページコンテンツの数やそれを参照するアンカテキストの数は時間の経過と共に増加するだろう），列ファミリは 予め生成しておく．しかしその数は小さい（多くても数百）と目論んでいる．

(c) **文書データストア**は主に JSON（JavaScript Object Notation）で記述された文書を対象としている．

(d) **グラフデータベース**はソーシャルネットワークのようなデータを記述対象としたデータモデルである．このような場合には，データベースは全体で 1 つのグラフとなり分割のしようがないから，分散・重複してデータを格納するデータストアには不向きである．従って，グラフデータの格納は従来のデータベースのように行うことが原則になり，その結果としてデータの整合性は従来の ACID 特性に従って保障することとなる．

なお，(a) から (c) では，データベースではなく，**データストア**（data store）という用語を使ったが，その理由は，NoSQL の多くが，一般には時間の経過と共に増加していくビッグデータを管理・運用していけるように，システムのスケーラビリティ（scalability）をスケールアップではなく**スケールアウト**（scale out）で実

現する[2])ことが必要で，そのために多数のコモディティサーバをネットワーク結合した**疎結合クラスタ**（shared nothing cluster）構成をとることが多く，それを総称してデータストアと呼んでいる．

15.3 CAP 定理と BASE 特性

NoSQL はリレーショナル DBMS と比較してみると，次に示す特徴を有している．

まず，上述の通り，NoSQL を実現するデータストアは，そのスケーラビリティをスケールアウトで実現するために疎結合クラスタ構成をとり，クラスタを構成するコモディティサーバはネットワーク結合されている．その様子を図 15.4 に示す．

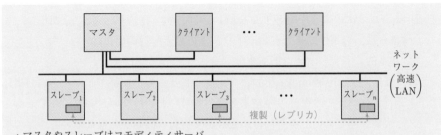

・マスタやスレーブはコモディティサーバ
・マスタはクライアントからの要求を受けてスレーブに処理を指示，スレーブは結果をマスタに返す．
・データはその複製（レプリカ）を複数台のスレーブに格納する．

図 15.4　NoSQL のアーキテクチャ──疎結合クラスタ構成──

そこでは，データは水平分割され，更に**高可用性**（high availability，いつでも利用可能であるということ）を達成するためにそれらの**複製**（レプリカ）が幾つか作られて，**マスタ**（master）の指令のもとで複数台の**スレーブ**（slave）に分散して格納されている．これは，もしネットワークが障害により分断されてもどこかのスレーブに格納されている所望のデータの複製にアクセスできればそれでよいとの考えである．ただ，この場合，読み込んだ所望のデータが新鮮でない，つまり最新の値に更新されていなくて多少腐臭が漂っている（stale）場合がある．なぜならば，最新のデータは分断されて現在は障害でアクセスできないネットワークの彼方にぶら下がっているスレーブに格納されているかもしれないからである．

---

[2]) スケールアップはコンピュータの性能を上げて対応するが，スケールアウトはコンピュータの台数を増やして台数効果で対応する．

　一方，これはデータストアの利用者のビジネスモデルの違いに起因するところであるが，高可用性よりは**整合性**を第一義に考えるアプリケーションもある．データの整合性を前提としてアプリケーションを実行していく考え方は，従来のデータベースシステムがトランザクション管理の原則としてきた ACID 特性遵守と立場を同じくするものである．

■CAP 定理

　さて，ネットワークを使っている限り，絶対にネットワークは故障しないという保証を与えることはできないだろう．つまり，"データストアではネットワークの分断は避けられない"ので，ネットワークの分断耐性，可用性，整合性という 3 つの性質をどのように並立させていったらよいのかが問われることになる．この分散型コンピューティングの強靭性に関して，Inktomi 社の創設者であったブルーワ（E. Brewer）は次のような経験則を 2000 年に開催された国際会議で発表した．

　　　「整合性，可用性，そしてネットワークの分断耐性の間には
　　　　基本的にトレードオフがある」

ここに，整合性（consistency）とは，データの書込み操作が終了したのちに読出し操作を発行すれば，その書込みの結果が返されないといけないということで，もしデータを複製管理している場合には，複製間で更新の同期がとれていて，どの複製を読もうとも，同じ値が返ってこないといけないことを意味する．

　可用性（availability）とは，クライアントが依頼した読みや書きに対して，それが無視されることはなく，何れ応答があるということをいう．

　分断耐性（tolerance to network partitions）とはサーバ間でやり取りするメッセージがいくらでも失われ得ることを意味する．したがって，サーバ間で全てのメッセージが失われれば，両者はお互いに孤立した状況となる．分断耐性は，裏を返せば，本来ネットワークは分断されてしまうかもしれない性質を有するものであるが，そのような中で整合性と可用性をどのように実現するのでしょうか，ということである．

　ブルーワはこのトレードオフの意味するところを **CAP 定理**（CAP theorem）と名付けた．C，A，P はそれぞれ Consistency，Availability，tolerance to network Partitions を指している．この定理は，発表当初はあくまで推測（conjecture）にしかすぎなかったがその後証明が与えられている．

【定理】（CAP 定理）

　共有データシステム[3]においては，整合性，可用性，分断耐性という 3 つの性質のうち，高々 2 つしか両立させることができない．

　図 15.5 に CAP 定理を図示するが，CAP 定理が主張していることは，共有データシステムでは，次に示す何れかの選択を迫られるということである．

- 分断耐性を放棄する．
- 可用性を放棄する．
- 整合性を放棄する．

図 15.5　CAP 定理

　さて，共有データシステムではネットワーク分断を避けては通れないので，CAP 定理が主張する 3 つの性質のうち，分断耐性を放棄することはできない．したがって，共有データシステムが採れる選択肢は次の 2 つの何れかである．

(a)　可用性を放棄して，分断耐性と整合性を実現する．

(b)　整合性を放棄して，分断耐性と可用性を実現する．

つまり，共有データシステムの利用者は，(a) の立場に立つのか，(b) の立場に立つのか，その選択を迫られるということになる．その典型例は，(a) の選択肢を採ったのが Google の Bigtable であり，(b) の選択肢を採ったのが Amazon の Dynamo である．BASE 特性を示して，この問題により深く立ち入ろう．

■BASE 特性

　上述のごとく，CAP 定理により，共有データシステムでは分断耐性は必須なので，あと 1 つを整合性を採るのか，可用性を採るのか，という選択を強いられた．まず，整合性を採った場合，ネットワークが分断され，複製されたデータがバラバラになれば，ネットワークが復旧するまではデータ間の整合性が保証できないから，そのデータを読み書きすることはしない．ネットワークが分断されていない場合でも，整合性を実現するために，複製されたデータに更新があった場合に，その更新結果は複製間で直ちに共有されねばならないから，そのための処理時間もかかる．したがって，高可用性は期待できない．

---

　3) ブルーワの論文に忠実に共有データシステムという用語を使うが，図 12.3 に示した疎結合クラスタ構成に同義と見なしてよい．

　一方，可用性を採ると，ネットワークの分断が発生した場合，クライアントには，とにかくアクセスできるスレーブにアクセスして，所望のデータを読み書きできるようにシステムは振る舞う．この場合，データが更新されると，そのデータの複製が全て新値に更新されるまでにはそれなりの時間がかかるから，分散型データストアには新値となっているデータと旧値のままのデータが混在する可能性がある．したがって，可用性を採った場合，本来ならば新値を読み書きして実行されるべきアプリケーションが，旧値を読んで仕事をしてしまう危険性がある．この状況は，ACID 特性を金科玉条のごとく守る従来のデータベースシステムでは許されないことであるが，NoSQL では**結果整合性**（eventual consistency）という考え方で，それを正当化しようとする．その特性をブルーワは **BASE**[4] と名付けた．BASE は次 3 つの用語の頭文字からの造語である．

- **B**asically **A**vailable（基本的に可用）
- **S**oft-state（ソフト状態）
- **E**ventual consistency（結果整合性）

ここに，基本的に可用とは，共有データシステムは CAP 定理の意味で可用性があるということである．ソフト状態はシステムの状態は結果整合性により入力がなくても時間の経過と共に変遷していくかもしれないということである．結果整合性は，現時点では整合性のないデータでも，その間何も更新要求がなければ何時かは整合するであろうということである．

■ 結果整合性

　結果整合性を Dynamo を開発した Amazon.com 社の CTO（chief technology officer）であったフォーゲルス（W. Vogels）が著した論文で，そのエッセンスを見てみる．

　整合性には 2 つの観点があり，1 つはクライアント側から見た場合，もう 1 つはサーバ側から見た場合の整合性である．

　まず，クライアント側から見れば，整合性は次のように大別される．

- 強い整合性
- 弱い整合性
    - 結果整合性

---

[4] BASE という用語は ACID vs. BASE という対比を際立たせるために考案されたようで，英語では ACID は「酸」を，一方，BASE は「塩基」（アルカリ）を表す化学用語である．酸と塩基は逆の性質を有する化学物質だから，ACID と BASE で世界を二分しようという意図を秘めた造語なのだろう．

　強い整合性（strong consistency）は，データの更新が完了したと宣言された時点で，その後どの複製にアクセスしても更新された結果（＝ 新値）を返してくることをいう．そうでない場合を弱い整合性（weak consistency）という．結果整合性は弱い整合性の特殊な場合であるが，弱い整合性だけでは，データの更新が完了したと宣言されたもののその後いつになったら複製されたデータ全てが揃って新値になるのか，この期間を**不整合窓**（inconsistent window）という，それがはっきりしないので，それに対して，「データの更新が完了したと宣言された後，（そのデータに対して）新たな更新要求がなく，システムに障害も発生しなければ，全ての複製はいつかは整合する」と宣言したということである．フォーゲルスによれば，不整合窓の最大長は，通信遅延，システムの負荷，そして複製の数で決まる．

　一方，サーバ側から見た場合であるが，ここで改めて確認しておくと，想定している NoSQL システムは図 15.4 に示したような極めて一般的な構成としている．つまり，マスタはクライアントからのデータの検索や更新要求を受け付けて，データの複製を格納しているスレーブに仕事を依頼し，返ってきた結果や返事をまとめて，クライアントに回答する（マスタは指令係（dispatcher）に徹している．データは格納していない）．

　そこで，N, W, R を次のように定める（$N, W, R > 0$）．

　　　N：データの複製を格納しているノードの数（＝ 複製数）

　　　W：更新完了の返事を返してくるべき複製の数

　　　R：検索結果を返してくるべき複製の数

つまり，マスタはクライアントからデータの更新要求を受け付けると，そのデータの複製を格納している N 個のスレーブにその更新要求を発送し更新が完了したかどうか，返事を待つ．もし，少なくとも W 個のスレーブから更新完了の返事が来たら，その時点でマスタはクライアントに更新完了の返事を送る．一方，クライアントからマスタにデータ検索要求が来たら，マスタはそのデータの複製を格納している N 個のスレーブにその検索要求を発送して，結果を待つ．もし少なくとも R 個のスレーブから結果が返ってくれば，その中から最新の結果を選択して（そのために，データには時刻印やバージョンを付けておく），それをクライアントに返す．つまり，W や R はマスタがアクションをとれるための定足数を定めているといえる．

　そうすると，次の関係性を指摘できる．

（1）　$W + R > N$ の場合：強い整合性で対処する．

（2）　$W + R \leqq N$ の場合：結果整合性で対処する．

(1) の場合，同じデータの複製を格納している N 個のスレーブのうち，少なくとも
1 個のスレーブでは，データは更新され新値となり，かつそれが読まれてマスタに
返されるから強い整合性が実現される．一方，(2) では，そのような状況は一般に
は生まれないから，弱い整合性となり，結果整合性が成立するような状況が保たれ
れば，それで対処するということである．

　つまり，結果整合性を実装するということは上記 (2) の状況が成立するように
N，W，R を設定してデータの検索や更新要求に対処するということである．そ
うすると，次に問題となるのはそれらの値をどう設定するかであるが，$N = 3$，
$W = 1$，$R = 1$ と設定するシステムが多いようで，これでシステムの可用性，つま
りマスタからクライアントに結果が返ってくるまでの待ち時間（latency）の少な
さと，データの整合性が共に満たされているとの報告が見られる．$W = 1$，$R = 1$
なので高可用性はその通りだが，整合性も評価されている原因としては，$N = 3$ と
複製の数が小さいことと，最新のデータでなくてもそんなに腐臭が漂っている訳で
はない，というような見解も見られる．また，不整合窓の長さであるが，実測で，
数 ms（millisecond）という報告もあれば，数 1,000 ms という報告もある．

　Dynamo がキー・バリューデータストアに加えて結果整合性でトランザクショ
ン管理を行うことで，Amazon の顧客はいつでも待たされることなく（always-on）
ショッピングカートに入れた商品の注文を確定することができる．

15.4　データマイニング

　先に，ビッグデータの本質の 1 つは，因果関係の究明にあるのではなく，相関関
係の発見にあると述べた．本節では，そのための相関ルールマイニングについてそ
のエッセンスを見ておく．

■データマイニングとは

　マイニング（mining）の原義は採鉱，採掘といったことで，コンピュータサイエ
ンスの分野にこの用語が導入されたのは 1990 年代初頭に遡る．Palomar Digital
Sky Survey プロジェクトに参画したファヤッド（Usama Fayyad, 当時，カリフォ
ルニア工科大学）が天文データ（より具体的には Palomar 天文台が撮影した天球
探索のためのディジタル画像データ）をマイニングして，新しい銀河を見つけよ
うとした研究に始まる．それは一般にはデータマイニングと呼ばれるようになり，
1994 年にアグラワル（Rakesh Agrawal, 当時，IBM Almaden 研究センタ）ら
によりリレーショナルデータベースに格納されたビジネスデータから相関ルールを効

率良く発見するアルゴリズム Apriori が発表されて，データベースや人工知能分野にまたがる学問分野で新しい研究分野を拓いた．

その後，相関ルールは，例えばスーパーマーケットでは顧客の購入履歴をマイニングして販売戦略を練ったり，銀行では貸付履歴をマイニングしてどのような客なら貸付を認めるか（つまり，貸付金が焦げ付かないか），その判断基準を求めるために使われたりと様々な分野で必要欠くべからざるツールとなっている．以下，データマイニングの最も一般的な手法として知られているバスケット解析と相関ルールマイニングについて概観する．

■ バスケット解析と相関ルールマイニング

バスケット（basket）とは，スーパーマーケットで買い物をするときに，品物を入れるために使う店が用意しているプラスチックや金属の "買い物かご" のことをいう．客は購入する品の入ったバスケットをレジに持ってきて清算する．**バスケット解析**とは，バスケットにどのような商品が入っていたかを分析して，顧客の購入に関して様々な情報を得ようとすることをいう．その手法の典型が相関ルールマイニングである．

さて，バスケットに入れられてレジを通った顧客の一度の買い物を**トランザクション**（transaction）という．データベースでは障害時回復や同時実行制御を扱うためによく知られた用語であるが，原義は「取引」であるので違和感はないであろう．相関ルールマイニングの対象はトランザクション群であり，これを**データベース**と呼ぶ．

さて，単純な例を示しながら話を進めよう．あるスーパーマーケットを考える．そこでは大根，人参，キャベツ，トマト，バナナが店頭に並んでいるとしよう．これらを**品目**（item）という．品目の集合を $I = \{$大根, 人参, キャベツ, トマト, バナナ$\}$ と表す．このスーパーマーケットに買い物に来た客を太郎，花子，次郎，桃子の4人とし，それぞれのトランザクションを $T_{太郎}, T_{花子}, T_{次郎}, T_{桃子}$ とすると，データベース，これを D とする，は $D = \{T_{太郎}, T_{花子}, T_{次郎}, T_{桃子}\}$ であり，それを図示すれば図 15.6 のようになったとする．なお，トランザクションでは品目を購入すれば1，そうでなければ0をとり，何個購入したかは問わない．

さて，このデータベース D を見て読者は何を発見できるだろうか？ バスケット解析の狙いは D を解析して，**相関ルール**（association rule）を抽出することである．そこで，相関ルールを定義しておく．

品目 トランザクション	大根	人参	キャベツ	トマト	バナナ
$T_{太郎}$	1	0	1	1	0
$T_{花子}$	0	1	1	0	1
$T_{次郎}$	1	1	1	0	1
$T_{桃子}$	0	1	0	0	1

図 15.6　データベース D のテーブル表現

【定義】（相関ルール）

　X と Y を品目の集合 I の部分集合とする（$X \cap Y = \phi$（空）とする）．このとき，相関ルールとは $X \Rightarrow Y$ なる形の含意（implication）をいう．X をこの相関ルールの前提（antecedent），Y を帰結（consequent）という．

　この意味を上記のスーパーマーケットの例に照らせば，例えば $X = \{$人参, キャベツ$\}$，$Y = \{$バナナ$\}$ とすれば，$X \Rightarrow Y$ は人参とキャベツを購入した客はバナナも購入する，という含意（= 予測と捉える）を表している．そうすると，問題はその相関ルールはどれ程の**予測力**（predictive power）を持っているのであろうか，ということになる．

　そこで，それを測るために，相関ルールに確信度と支持度という基準を導入する．それらの定義は次の通りである．

【定義】（確信度と支持度）

　相関ルール $X \Rightarrow Y$ がデータベース D において**確信度**（confidence）c（$0 \leqq c \leqq 1$）で成立するとは，X を含めば Y も含んでいるトランザクションの割合が c であるときをいい，$c(X \Rightarrow Y)$ と表す．

　相関ルール $X \Rightarrow Y$ がデータベース D において**支持度**（support）s（$0 \leqq s \leqq 1$）で成立するとは，$X \cup Y$ を含んでいるトランザクションの割合が s であるときをいい，$s(X \Rightarrow Y)$ と表す．

　そこで，一般に，I と D が与えられ，X を品目集合としたとき（$X \subseteq I$），$\sup(X)$ で品目集合 X の D に関する**サポート**[5]）を次のように定義する．

$$\sup(X) = k/n$$

5）この場合のサポートは，支持度の意味での support ではなく，頻度を表している．

ここに "/" は割り算を表し，D が n 個のトランザクションからなっているとき，D 中の k 個のトランザクションが X を含んでいることを表している．そうすると，相関ルール $X \Rightarrow Y$ の確信度と支持度は各々次のように書ける．

$$c(X \Rightarrow Y) = \sup(X \cup Y)/\sup(X)$$

$$s(X \Rightarrow Y) = \sup(X \cup Y)$$

ここで，先程の例に戻り理解を深めることにすれば，$X = \{$人参, キャベツ$\}$，$Y = \{$バナナ$\}$ であったから，$X \cup Y = \{$人参, キャベツ, バナナ$\}$ となり，$c(X \Rightarrow Y) = \sup(X \cup Y)/\sup(X) = (2/4)/(2/4) = 1$，$s(X \Rightarrow Y) = \sup(X \cup Y) = 2/4 = 0.5$ となる．つまり，人参とキャベツを買う顧客は必ずバナナを買う，人参とキャベツとバナナを買う顧客は全体の半分だ，ということがいえる．

さて，この結果をどう見るかは，この相関ルールを採掘したマイナー（miner）次第である．しかしながら，採掘した相関ルールの確信度と支持度が高い程，そのルールの予測力は高いのではないか，と考えるのが自然ではなかろうか．

そこで，データベース D が与えられたとき，マイナーが指定した**最小確信度**（minconf と書く）と**最小支持度**（minsup と書く）を下回らない全ての相関ルールを見つけることに意味があるように考えられる．これが**相関ルールマイニング**である（相関ルール抽出ともいう）．この問題を力まかせに解こうとすると組合せ爆発（combinatorial explosion）が起こる．例えば，取りあえず全ての相関ルールを求めようとすると（minconf = minsup = 0 の場合），一般に品目集合 I が m 個の品目からなっているとすれば，形式上可能な相関ルール $X \Rightarrow Y$（$X, Y \subset I, X \cap Y = \phi$）の数を数え上げようとすると，$I' = X \cup Y$ としたときに，一般に $I' \subseteq I$ だから，I' を構成する要素の数を k（$\leqq m$）とすれば，I から異なる I' を全て取り出す数の総和は $\sum_{k=2}^{m} {}_m\mathrm{C}_k$ となる（${}_m\mathrm{C}_k$ は m 個の品目から異なる k 個（$m \geqq k$）の品目を選ぶ組合せ（combination）を表す）．また，1つの $I' = X \cup Y$ に対して，X を前提，Y を帰結とする相関ルール $X \Rightarrow Y$ の数は，$X = \phi$，及び $X = I'$ の2つのケースを除いた I' の全ての部分集合が X になり得るから，$(2^k - 2)$ 通りある．したがって，形式上可能な相関ルールの総数は次のようになる．

$$\sum_{k=2}^{m} {}_m\mathrm{C}_k \times (2^k - 2) = \sum_{k=2}^{m} (m!/(k! \times (m-k)!)) \times (2^k - 2)$$

この組合せの数は少なくとも指数オーダであるから組合せ爆発が起こる．実際にコンビニやスーパーマーケットで扱う品目の数 m は数千，e コマースになると数百万

にも及ぶというから，相関ルールをこのように力まかせに求めることは非現実的である．

　そこで minconf と minsup を与えて，いかにして効率よく確信度と支持度がそれらを下回らない相関ルール見つけるかが大きな問題となった．その解が，アグラワルらにより与えられた Apriori アルゴリズムである．しかしながら，その詳細は入門の域を超えていると考えられるので省略せざるを得ない[6]．

　半ば都市伝説化したデータマイニングの例として，米国の大手スーパーマーケットチェーンの POS データを分析した結果，「紙おむつを買う顧客はビールを買う傾向がある」ことが分かったというのがある．このマイニング結果について，なぜ？と詮索するのは野暮なのであって，これ以上詮索しないことが肝要なのである．因果関係を問うのではなく，相関関係を問うデータマイニングこそがビッグデータであるから．

第 15 章の章末問題

　問題 1　ビッグデータの特徴を表す 3V とは何か，説明しなさい．
　問題 2　CAP 定理と BASE 特性について，次の問いに答えなさい．
　(問 1)　CAP 定理とは何か，説明しなさい．
　(問 2)　BASE 特性とは何か，CAP 定理との関連性に言及しつつ説明しなさい．
　問題 3　共有データシステムでは分断耐性は必須なので，高可用性を実現しようとすると整合性が犠牲になるので，結果整合性で対処しようとする．

　そこで，N, W, R を次のように定める（$N, W, R > 0$）：N は複製（を格納しているノード）の数，W はクライアントからの更新要求を N 個の複製に配送したときに W 個の複製から更新完了の応答があればその更新は成功とする数，R はクライアントからの検索要求を N 個の複製に配送したときに R 個の複製から結果が戻ってくればその検索は成功とする数を表す．

　このとき，N, W, R の間にどのような関係が成立するときに結果整合性で対処するのか，理由も付して示しなさい．
　問題 4　あるスーパーマーケットでは大根，人参，キャベツ，トマト，バナナが店頭に並んでおり，買物客である太郎，花子，次郎，桃子のトランザクションを $T_{太郎}$, $T_{花子}$, $T_{次郎}$, $T_{桃子}$ とするとき，データベースは以下の通りであった．

---

[6] 詳細は，例えば，拙著『ソーシャルコンピューティング入門—新しいコンピューティングパラダイムへの道標—』（サイエンス社刊）の 11.4 節「相関ルールマイニング」，あるいは，拙著『リレーショナルデータベース入門［第 3 版］』（サイエンス社刊）の 14.6 節「ビッグデータの活用技術—相関ルールマイニング」，を参照されたい．

トランザクション ＼ 品目	大根	人参	キャベツ	トマト	バナナ
$T_{太郎}$	1	0	1	1	0
$T_{花子}$	0	1	1	0	1
$T_{次郎}$	1	1	1	0	1
$T_{桃子}$	0	1	0	0	1

このとき，次に示す 4 つの相関ルールを考えた．

A_1：キャベツ ⇒ トマト

A_2：キャベツ ⇒ バナナ

A_3：{人参, キャベツ} ⇒ バナナ

A_4：{バナナ, キャベツ} ⇒ 大根

次の問いに答えなさい．

(問 1)　$A_1 \sim A_4$ を確信度の大きさ順に並べなさい．（例えば，$A_1 > A_2 = A_4 > A_3$）

(問 2)　$A_1 \sim A_4$ を支持度の大きさ順に並べなさい．

(問 3)　$A_1 \sim A_4$ の中で，最も予測力があると考えられる相関ルールはどれか，理由も記して答えなさい．

章末問題解答

第 1 章

問題 1　1.1 節で論じられていることが，的確に記述できていればよい.

問題 2　1.1 節の「実世界とデータベースの関係」の項目で説明されているところを的確に表現できていればよい.

問題 3　1.1 節で論じられていることが，的確に記述されていればよい.

問題 4　1.3 節末で記したデータベースとファイルの違いを的確に表現できていればよい. つまり，データベースとは何ですか？ と問うと，結構，それはファイルのことですと解答する者が多いが，そうではないことが認識されていればよい.

問題 5　(ア) ネットワークデータベース，(イ) リレーショナルデータベース，(ウ) オブジェクト指向データベース，(エ) ビッグデータ，(オ) ACID 特性

第 2 章

問題 1　リレーションは有限個のドメインの直積の有限部分集合と定義されるが，ドメインがシンプルでない，つまり他の幾つかのドメインの直積であったり，あるドメインのべき集合であったりした場合，非第 1 正規形といわれる. 例えば，ドメイン姓とドメイン名の直積として定義されたドメイン氏名を使って定義されたリレーション 友人(氏名, 年齢)は非第 1 正規形である.

問題 2　リレーションは有限個のドメインの直積の有限部分集合と定義されるが，ドメインが全てシンプルなとき第 1 正規形という. ここに，ドメインがシンプルとは，それが他の幾つかのドメインの直積であったり，あるドメインのべき集合であったりしないということである. 例えば，ドメイン 姓 とドメイン 名 を使って定義されたリレーション 友人(姓, 名, 年齢)は第 1 正規形である.

問題 3　例えば，直積のべき集合で定義されるシンプルでないドメインを dom(給与歴) = $2^{dom(年) \times dom(号俸)}$ とし，リレーション 社員(社員番号, 社員名, 給与歴) とすると，次のような非第 1 正規形のリレーションが定義できる（リレーションの中にリレーションが入っていることに注目すること）.

社員

社員番号	社員名	給与歴	
0650	山田太郎	給与歴	
		年	号俸
		2019	10
		2020	11
	...		

これを正規化すると次のようなリレーションになる.

社員

社員番号	社員名	給与年	給与号俸
0650	山田太郎	2019	10
0650	山田太郎	2020	11
...			

問題4 リレーションスキーマ **社員**(社員番号, 社員_姓, 社員_名, 扶養家族) を定義し，そのインスタンス 社員 = {(007, 山田, 太郎, 一郎), (007, 山田, 太郎, 次郎), (007, 山田, 太郎, 桃子), (008, 鈴木, 花子, 太郎), (008, 鈴木, 花子, 明日香)} とすればよい．インスタンスをテーブル表現してもよい．

問題5 リレーションは有限個のドメインの直積の有限部分集合と定義されるが，実世界の変化と共に，時々刻々と変化する．例えば，自分の現時点での友人の名前と年齢を記録したリレーションを 友人 = {(太郎, 25), (花子, 26)} としたとき，新たな友人ができれば新しいタップルが加わるし，友人でなくなればそのタップルは削除されるであろう．このように時間の経過と共に，リレーションは変化する性質を有する．しかしながら，そのリレーションが自分の友人の名前と年齢を記録しているということは時間が経過しても変わらない．この時間の経過と共に不変な構造をリレーションスキーマといい，この例では **友人**(名前, 年齢) と表す．

第3章

問題1 リレーションは集合であるから一般には，リレーションの全属性集合の部分集合がそのリレーションのタップルの一意識別能力を持つ．このような性質を持つ属性の極小組を候補キーという．1つのリレーションの候補キーは一般に複数存在し得るが，そのうちのひとつを選んで主キーとする．主キーは（候補キーでも満たさないといけない）タップルの一意識別能力を備えているという性質に加えて，主キーを構成する属性は空をとらないこと，というキー制約を課せられる．

問題2 リレーション 部門の部門長の欄には，その時点でのリレーション 社員に登録されている社員番号か，空しか入り得ないということである．つまり，社員でない人が部門長であったりはしない．ただ，空（その時点で部門長が分からなかったり，未定）であることは許す，という制約で，これを外部キー制約という．

問題3 このようなリレーションスキーマの作り方は2通りある．

(a) 4つの属性がすべて"直交"した概念である組合せのリレーションを考える．例えば，誰が，何を，どこで，いつ購入したかを表すリレーション 購入(人, もの, 場所, 時期) を考える．例えば，(鈴木, ネクタイ, 三越, 2020) はそのリレーションの一本のタップルとなろう．このとき，{人, もの, 場所, 時期} がリレーション 購入 の候補キーとなる．

(b) 4つの属性が"概念階層"のもとで整列する場合を考える．例えば，ある企業の部門一覧を考えるとき，営業や開発の部門が部，課，係，グループという具合に階層的に命名されていれば，その企業の部門はリレーション 部門(部名, 課名, 係名, グループ名) で表され，{部名, 課名, 係名, グループ名} がその候補キーとなる．例えば，(営業第1部, 営業第2課, 営業第3係, 営業第4グループ) や (営業第2部, 営業第2課, 営業第3係, 営業第4グループ) はこのリレーションのタップルとなろう．

第 4 章

問題 1 **(問 1)** (製品 [単価 ≧ 100])[製品番号, 製品名]

(問 2) ((製品 [製品名 = ' ステレオ '])[製品番号 = 製品番号] (工場 [生産量 ≧ 10]))[工場.工場番号, 工場.所在地]

(問 3) ((製品 [製品番号 = 製品番号] 工場)[製品.製品番号 = 製品番号] ((在庫 [在庫量 = 5])[所在地 = ' 札幌 '])) [T.製品.製品名, T.工場.工場番号], ここに T = (製品 [製品番号 = 製品番号] 工場) とおいた.

問題 2 **(問 1)** (学生 [大学名 = ' 令和大 '])[学生名, 住所]

(問 2) ((学生 [住所 = ' 池袋 '])[大学名 = ' 令和大 '])[学生名]

(問 3) ((学生 1[大学名 = ' 令和大 '])[住所 = 住所](学生 2[大学名 = ' 令和大 ']))[学生 1.学生名, 学生 2.学生名]), ここに学生 1 = 学生 2 = 学生とおいた.

(問 4) ((アルバイト [学生名 = 学生名] 学生)[学生.大学名 = ' 令和大 '])[アルバイト.会社名]

(問 5) (アルバイト [学生名, 会社名]) ÷ ((学生 [大学名 = ' 令和大 '])[学生名])

(問 6) ((学生 [大学名 = ' 令和大 '])[学生名]) − アルバイト [学生名]

(問 7) ((学生 [学生名 = 学生名] アルバイト)[アルバイト.会社名 = ' A 商事 '])[学生.学生名, 学生.大学名]

(問 8) (((学生 [学生名 = 学生名] アルバイト)[アルバイト.会社名 = 会社名] 会社)[T.学生.住所 = 会社.所在地])[T.学生.学生名, T.学生.住所], ここに, T = 学生 [学生名 = 学生名] アルバイトとおいた.

(問 9) ((((学生 [学生名 = 学生名] アルバイト)[アルバイト.会社名 = 会社名] 会社)[T.学生.住所 ≠ 会社.所在地])[T.学生.大学名 = ' 令和大 '])[T.学生.学生名], ここに, T = (学生 [学生名 = 学生名] アルバイト) とおいた.

(問 10) (((アルバイト [会社名 = 会社名] 会社)[会社.所在地 = ' 新宿 '])[アルバイト.給与 ≧ 50])[アルバイト.学生名]

問題 3 **(問 1)**

商品 [商品番号 = 商品番号] 納品

商品.商品番号	商品.商品名	商品.価格	納品.商品番号	納品.顧客番号	納品.納品数量
S01	ボールペン	150	S01	C01	10
S01	ボールペン	150	S01	C02	30
S02	消しゴム	80	S02	C02	20
S02	消しゴム	80	S02	C03	40

(問 2)

商品 ⋈商品番号=商品番号 納品

商品.商品番号	商品.商品名	商品.価格	納品.商品番号	納品.顧客番号	納品.納品数量
S01	ボールペン	150	S01	C01	10
S01	ボールペン	150	S01	C02	30
S02	消しゴム	80	S02	C02	20
S02	消しゴム	80	S02	C03	40
S03	クリップ	200	—	—	—

ここに, — は空を表す.

問題4 4.4節に説明してある通り，unk，dne，ni とそれらの適切な例が示されていればよい．

第5章

問題1 （問1）
```
SELECT Y.会社名
FROM  学生 X, アルバイト Y
WHERE X.学生名 = Y.学生名
      AND X.大学名 = '令和大'
```
（問2）
```
SELECT X.学生名, X.大学名
FROM  学生 X, アルバイト Y
WHERE X.学生名 = Y.学生名
      AND Y.会社名 = 'A商事'
```
（問3）
```
SELECT X.学生名
FROM  学生 X, アルバイト Y
WHERE X.学生名 = Y.学生名
      AND Y.会社名 = 'A商事'
      AND X.大学名 = '令和大'
```
（問4）
```
SELECT X.学生名
FROM  アルバイト X, 会社 Y
WHERE X.会社名 = Y.会社名
      AND X.給与 >= 50
      AND Y.所在地 = '渋谷'
```
（問5）
```
SELECT X.学生名, X.住所
FROM  学生 X, アルバイト Y, 会社 Z
WHERE X.学生名 = Y.学生名
      AND Y.会社名 = Z.会社名
      AND X.住所 = Z.所在地
```
問題2 （問1）
```
SELECT 製品番号, 製品名
FROM  製品
WHERE 単価 >= 100
```
（問2）
```
SELECT Y.工場番号, Y.生産量
FROM  製品 X, 工場 Y
WHERE X.製品番号 = Y.製品番号
      AND X.製品名 = 'パソコン'
```

(問3)

```
SELECT  X.製品名, Y.工場番号
FROM  製品  X, 工場  Y, 在庫  Z
WHERE  X.製品番号 = Y.製品番号
        AND  Y.製品番号 = Z.製品番号
        AND  Z.所在地 = '札幌'
        AND  Z.在庫量 > 0
```

問題3　(問1)

```
SELECT  DISTINCT  X.ワインバー名
FROM  給仕  X, 嗜好  Y
WHERE  X.ワイン銘柄 = Y.ワイン銘柄
        AND
        Y.客名 = '小林しおり'
```

　あるいは,

```
SELECT  DISTINCT  ワインバー名
FROM  給仕
WHERE  ワイン銘柄  IN
        (SELECT  ワイン銘柄
         FROM  嗜好
         WHERE  客名 = '小林しおり')
```

(問2)　給仕 ÷ ((嗜好 [客名 = '小林しおり'])[ワイン銘柄])

(問3)

```
SELECT  Y.ワインバー名
FROM  利用  X, 給仕  Y
WHERE  X.ワインバー名 = Y.ワインバー名
        AND  Y.ワイン銘柄  IN
        (SELECT  Z.ワイン銘柄
         FROM  嗜好  Z
         WHERE  Z.客名 = X.客名)
```

問題4　ウ. なぜならば, 与えられたSQL文に相当するリレーショナル代数表現は次の通りであるから.

((納品 × 顧客)[納品.顧客番号 = 顧客.顧客番号])[納品.顧客番号, 顧客.顧客名]

第6章

問題1　(ア) 概念モデル, (イ) 実体–関連モデルあるいは ER モデル, (ウ) 実体–関連図あるいは ER 図, (エ) 論理モデル, (オ) データモデル

問題2

```
学生(学籍番号, 学生名, 住所)
科目(科目名, 単位数)
履修(学籍番号, 科目名, 得点)
```

　このとき，履修.学籍番号 は学生に関する外部キーであり，履修.科目名 は科目に関する外部キーである．

問題3　主に，6.2 節と 6.4 節を精読して，各自解答せよ．

第7章

問題1　**(問1)**
1. {社員番号, 科目番号} → 得点　　（所与）
2. {社員番号, 科目番号} → {科目番号, 得点}　　（1. と添加律）
3. {科目番号, 得点} → 評価　　（所与）
4. {社員番号, 科目番号} → 評価　　（2. と 3. と推移律）

(問2)　f_1, f_2, f_3 と (問1) の結果により，{社員番号, 科目番号} が候補キーとなり，この場合は候補キーが1つしかないので主キーともなる．

(問3)

(a) タップル挿入時異状：新しい研修者が決まったが，まだ研修科目を決めてないとキー制約に抵触するので登録できない．新しい研修科目が決まったが，まだ研修者が決まっていないとキー制約に抵触するので登録できない．

(b) タップル削除時異状：E007 のボンドさんが CG の研修を取り止めたとする．この結果，タップル (E007, ボンド, C002, CG, ―, ―) を削除することになるが，キー制約に抵触するので科目番号が C002 の科目は CG であるというデータを残せない．

(c) タップル修正時異状：2通りのパターンが考えられる．ひとつは E007 のボンドさんが科目番号 C002 の CG の研修を取り止めて科目番号 C003 のオートマトンの研修に変更したとすると，キー制約に抵触するので科目番号が C002 の科目は CG であるというデータを残せない．もうひとつは，科目番号 C001 の科目名がデータベースからデータベースシステムに変更になった場合，提示されているインスタンスではタップルを2個所修正しなければならない．同様に，科目番号 C001 で得点が 70 の場合に評価を A としていたが，これを改め評価は B と修正すると，出現していたタップルの本数分だけ修正しなければならない．

(問4)　関数従属性 f_1 と f_2 と f_4 を用いて情報無損失分解する．その結果，次の4つのリレーション群になる：研修[社員番号, 社員名], 研修 [科目番号, 科目名], 研修[科目番号, 得点, 評価], 研修[社員番号, 科目番号, 得点].

問題2　**(問1)**～**(問2)** は 7.1 節，**(問3)** は 7.2 節を参考にすればストレートに導ける．**(問4)**：リレーション 注文は第1正規形ではあるが，第2正規形ではない．なぜならば，非キー属性である単価が主キー {顧客名, 商品名} に完全関数従属していないから (8.1 節)．

問題3　**(問1)**　{工場番号, 製品番号} → 生産量，{工場番号, 製品番号} → 所在地であるが，工場番号 → 生産量と製品番号 → 生産量は成り立たないので，{工場番号, 製品番号} は候補キーである．一方，{工場番号, 生産量}, {工場番号, 所在地}, {製品番号, 生産量}, {製品番号, 所在地}, {生産量, 所在地} は何れも候補キーとはならない．よって，工場の主キーは {工場番号, 製品番号} である．

(問2)　(a) 挿入時異状の例：工場 F_3 が四国に新設されたが，製品番号が未知だとそのデータをリレーション 工場に格納できない．(b) 削除時異状の例：工場 F_2 が TV528 の生産を止めたので，(F_2, TV528, 80, 九州) を削除するが，その結果，工場 F_2 が九州にあ

るというデータを格納しておく術がない．(c) 修正時異状の例：2つの場合がある．ひとつは，工場 F_1 を北海道から東北に移設した場合，この例では2本のタップルを修正しないといけない．もう1つは，F_2 で生産していた TV528 を F_1 で製造することになったので，(F_2, TV528, 80, 九州) を削除し，(F_1, TV528, 80, 北海道) を (F_1, TV528, 180, 北海道) に修正するが，工場 F_2 が九州にあるというデータを格納しておく術がない．

(問3) リレーション 工場を関数従属性 工場番号 → 所在地を用いて，2つの射影 工場 [工場番号, 製品番号, 生産量] と 工場 [工場番号, 所在地] に情報無損失分解すればよい．

(問4) {工場番号, 製品番号} は主キーであるが，工場番号 → 所在地 なので第2正規形の定義を満しておらず，第1正規形ではあるが，第2正規形ではない．

第8章

問題1 **(問1)** 一般に，R を $\boldsymbol{R}$ の任意のインスタンスとするとき，A と B の属性値を指定すると R のタップルが唯一に同定される（唯一識別性）．しかし，A あるいは B の値を指定しただけでは，一般にタップルは同定できない（極小性）．

(問2) 正解は第7章問題1 (問2) の解答に与えた通り．次の解答では減点：{社員番号, 科目番号} は研修の候補キーであるが，他に候補キーがないので主キーでもある．

(問3) キー制約とは，(1) タップルの唯一識別性を備えていること，(2) 主キーを構成している属性は空をとってはならない，という制約である．

(問4) 正解は第7章問題1 (問1) の解答に与えた通り．

(問5) 全ての属性は単純であるとしているから，第1正規形ではある．そこで，第2正規形かどうか調べる．第2正規形の定義は次の2つの条件を満たすことである：

  (a) 第1正規形であること

  (b) 全ての非キー属性は各候補キーに完全従属していること

(a) の条件は満たされているので，(b) について検証する．まず，研修の非キー属性は，社員名，科目名，得点，評価である．このうち，得点と評価は f_3 と (問4) で示した推移的関数従属性により研修の唯一の候補キー {社員番号, 科目番号} に完全従属している．しかし，関数従属性 f_1 と f_2 の存在により，残りの非キー属性：社員名と科目名は完全従属していない．したがって，第2正規形でない．よって，研修は第1正規形である．

(問6) 正解は第7章問題1 (問3) の解答に与えた通り．

(問7) 研修 [社員番号, 科目番号, 得点, 評価] には (問4) の証明で示したように，非キー属性 評価 に対して推移的関数従属性があるので，第3正規形ではない．一方，このリレーションの全ての非キー属性は主キー {社員番号, 科目番号} に完全関数従属している．したがって，このリレーションは第2正規形である．研修 [社員番号, 科目番号, 得点, 評価] は更に研修 [科目番号, 得点, 評価] と研修 [社員番号, 科目番号, 得点] に情報無損失分解できる．しかし，これ以上は何れのリレーションも情報無損失分解できない．

問題2 **(問1)** $F = \{f_1, f_2, f_3, f_4\}$ としたとき，F に関する {学籍番号, 科目名} の閉包は {学籍番号, 科目名}$^+$ = {学籍番号, 学生名, 科目名, 単位数, 成績, 判定} となる．{学籍番号}$^+$ や {科目名}$^+$ はそうならない．したがって，{学籍番号, 科目名} は候補キーである．他に候補キーは存在しない．したがって，主キーである．

(問2)

  1. {学籍番号, 科目名} → 成績   (所与)

　　2.　成績 → 判定　　（所与）

　　3.　{学籍番号, 科目名} → 判定　　（1. と 2. と推移律）

(問3)　第1正規形である．なぜならば，科目名 → 単位数により，非キー属性 単位数は主キー {学籍番号, 科目名} に完全関数従属していない．

(問4)　単位数2の科目 情報デザインが新設されたのでリレーション 履修(学籍番号, 学生名, 科目名, 単位数, 成績, 判定) に挿入したいが，タプル (—, —, 情報デザイン, 2, —, —) はキー制約に抵触するので挿入できない．

(問5)　リレーション履修の関数従属性の関連性を整理すると次のように描ける．ここに矢印は関数従属性を表す．

　　　　{学籍番号, 科目名} → 成績 → 判定
　　　　　　↓　　　　　↓
　　　　学生名　　単位数

つまり，学籍番号 → 学生名や科目名 → 単位数はリレーション 履修が第2正規形であることを阻害し，{学籍番号, 科目名} → 成績 → 判定は第3正規形であることを阻害している．したがって，リレーション 履修を次の4つの射影に情報無損失分解すれば更新時異状を解消できる．

　　履修 [学籍番号, 学生名]，履修 [科目名, 単位数]，履修 [学籍番号, 科目名, 成績]，履修 [成績, 判定]

問題3　**(問1)**

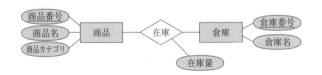

(問2)　3つのリレーションが定義される：商品(商品番号, 商品名, 商品カテゴリ)，倉庫(倉庫番号, 倉庫名)，在庫(商品番号, 倉庫番号, 在庫量)．アンダーラインを引かれた属性が主キーである．このとき，在庫の商品番号はリレーション 商品に関する，在庫の倉庫番号はリレーション 倉庫に関する外部キーである．

(問3)　リレーション 倉庫 と 在庫 は第3正規形．リレーション 商品は第2正規形．なぜならば，リレーションが第2正規形であるとは第1正規形であって全ての非キー属性は各候補キーに完全関数従属していること，第3正規形であるとは第2正規形であって全ての非キー属性はいかなる候補キーにも推移的に関数従属していないことが定義であるが，リレーション 商品では，商品番号 → 商品名 → 商品カテゴリ，と非キー属性 商品カテゴリが主キーである商品番号に推移的に関数従属している．

(問4)　リレーション 商品は第2正規形ではあるが，第3正規形ではなかった．そこでリレーションスキーマ **商品** のインスタンス 商品 を次のように与える．

商品

商品番号	商品名	商品カテゴリ
P001	テレビ	AV 家電
P002	パソコン	情報家電
P003	ヘッドフォン	AV 家電

このとき，更新時異状の例は次の通り：挿入時異状の例は，プリンタは情報家電である
ことを格納したいが，商品番号が分からないとキー制約に抵触して格納できない．削除時
異状の例は，タップル (P003, ヘッドフォン, AV 家電) を削除すると，ヘッドフォンが AV
家電であることを格納しておく術がない．修正時異状の例は，P003 はヘッドフォンでは
なく，スマートフォンの商品番号だったので，タップル (P003, ヘッドフォン, AV 家電)
を (P003, スマートフォン, 通信家電) に修正すると，新たに商品番号が割り当てられない
限り，ヘッドフォンが AV 家電であることを格納しておく術がない．

(問 5) 商品番号 → 商品名 → 商品カテゴリという推移的関数従属性を断ち切る必要があ
り，そのために関数従属性 商品名 → 商品カテゴリ を用いてリレーション 商品を 2 つの射
影 商品 [商品番号, 商品名] と商品 [商品名, 商品カテゴリ] に情報無損失分解する．

(問 6) リレーション 商品を 2 つの射影 $R_1 =$ 商品 [商品番号, 商品カテゴリ] と $R_2 =$ 商
品 [商品名, 商品カテゴリ] に分解すると (この分解は情報無損失ではない)，$R_1 = \{$(P001,
AV 家電), (P002, 情報家電), (P003, AV 家電)$\}$，$R_2 = \{$(テレビ, AV 家電), (パソコン,
情報家電), (ヘッドフォン, AV 家電)$\}$ となり，その結果 $R_1 * R_2 = \{$(P001, テレビ, AV
家電), (P001, ヘッドフォン, AV 家電), (P002, パソコン, 情報家電), (P003, テレビ, AV
家電), (P003, ヘッドフォン, AV 家電)$\}$ となり，例えば，(P001, ヘッドフォン, AV 家電)
と実世界では存在しなかった事象があたかもそうであったかのように見える結合のわなに
かかった．

第 9 章

問題 1 **(問 1)** と **(問 2)** は 9.1 節を精読して，各自答えよ．**(問 3)** と **(問 4)** は 9.2 節を精
読して，各自答えよ．**(問 4)** については，図 9.3 データ独立性の図式も示して答えること．

問題 2 **(問 1)** 例えば，ビュー 運動部員 に (渡辺美咲, K55, 5339-2811)，これを t とす
る，を挿入したいとする．この挿入の実現には次の 3 つの代替案が考えられる．

　(1)　テニス部員に t を挿入する．

　(2)　サッカー部員に t を挿入する．

　(3)　テニス部員とサッカー部員に共に t を挿入する．

しかしながら，これら 3 つの代替案が実世界で有している意味が異なる．例えば，渡辺美
咲が実際はテニス部に入部した場合には，代替案 (1) を選択しなければならないが，その
基準はビュー 運動部員に t を挿入したいという要求だけからは知ることができない．勿論，
勝手な選択はデータベースの一貫性が損なわれる恐れがあるので許されない．

(問 2) 例えば，差ビュー テニス好き部員 から，(鈴木花子, K41, 5591-0585)，これを t
とする，を削除したいとする．この削除の実現には次の 3 つの代替案が考えられる．

　(1)　テニス部員から t を削除する．

　(2)　サッカー部員に t を挿入する．

　(3)　テニス部員から t を削除し，サッカー部員に t を挿入する．

しかしながら，これら 3 つの代替案のどれを選択したらよいかは削除要求だけからは知る
ことができない．勿論，勝手な選択はデータベースの一貫性が損なわれる恐れがあるので
許されない．

(問 3) 例えば，共通ビュー 掛持ち部員 から，(山田太郎, K55, 5643-3192)，これを t と
する，を削除したいとする．この削除の実現には次の 3 つの代替案が考えられる．

(1) テニス部員から t を削除する.
(2) サッカー部員から t を削除する.
(3) テニス部員とサッカー部員から共に t を削除する.

しかしながら，これら 3 つの代替案のどれを選択したらよいかは削除要求だけからは知ることができない．勿論（もちろん），勝手な選択はデータベースの一貫性が損なわれる恐れがあるので許されない．

問題 3　(問 1)〜(問 3) の解答は以下の通り.

(問 1)

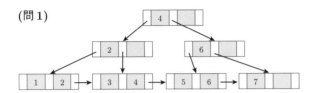

(問 2)

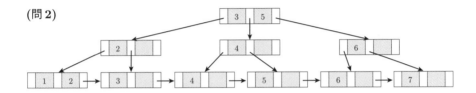

(問 3)

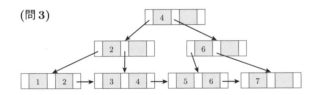

第 10 章

問題 1　図 10.6 に示したと同様な説明ができればよい.

問題 2　(ア) S, (イ) R, (ウ) $t[B] = t'[B]$ または $t'[B] = t[B]$, (エ) $t * t'$

問題 3　**(問 1)**　$C = (1/\mathrm{ICARD}(XB)) \times (\mathrm{NINDX}(XB) + \mathrm{TCARD}(R)) + w \times t_c$

ここに，$1/\mathrm{ICARD}(XB)$：選択係数，w：重み係数（タップル数をページに換算するための係数）

(問 2)　推定コスト $= (1/\mathrm{ICARD}(XB)) \times (\mathrm{NINDX}(XB) + \mathrm{NCARD}(R)) + w \times t_c$

ここに，$\mathrm{NCARD}(R)$ は R の総タップル数．$\mathrm{TCARD}(R)$ ではなく $\mathrm{NCARD}(R)$ となるのは，XB が非クラスタードインデックスなので R のレコード 1 本に対してデータページを多分 1 枚フェッチしないといけないであろうからである.

問題 4 リレーションの結合は入れ子型ループ法で行うので，次の 2 つの場合分けがある．

場合 1：R をアウタリレーションにして，(R, S) を実行．ここに (X, Y) は X をアウタリレーション，Y をインナリレーションとして入れ子型ループ法で結合することを表す．

場合 2：S をアウタリレーションにして，(S, R) を実行．

それぞれの場合について，さらに詳しく質問処理を見ていく．

ここで，処理する SQL 文の探索条件に $R.B = 10$ という条件が付いていることに注意する．

場合 1 のとき，考えられる実行プランは次の 2 通り．

(1–1) (R, S) を実行して，その結果に，選択 $[R.B = 10]$ を施す．

(1–2) $R[R.B = 10]$ を最初行い，続いて $(R[R.B = 10], S)$ を行う．

場合 2 のとき，考えられる実行プランは次の 2 通り．

(2–1) (S, R) を実行して，その結果に，選択 $[R.B = 10]$ を施す．

(2–2) $R[R.B = 10]$ を最初行い，続いて $(S, R[R.B = 10])$ を行う．

さて，(1–1) と (1–2) を比較すると，本章末コラム「ヒューリスティックス」に書いてあるように，(1–1) は棄却される．

(2–1) と (2–2) を比較すると，同様の理由により，(2–1) は棄却される．

さらに，(2–2) は，選択演算の結果得られる $R[R.B = 10]$ の属性 B 上にはインデックスは定義されていないので（$XR.B$ はあくまで R のインデックスであって，$R[R.B = 10]$ のインデックスではないことに注意），10.3 節で述べた通り，入れ子型ループ法で結合をとる場合，インナリレーションの結合属性上にはインデックスが張られていることが前提であるが，その条件に適合しないこととなり，このプランも破棄される．

したがって，与えられた結合の実行プランは (1–2) のみとなる．

そこで，実行プラン (1–2) の処理コスト C を計算する．$C = C_1 + C_2$ である．ここに，C_1 は $R[R.B = 10]$ を得るためのコスト，C_2 は $(R[R.B = 10], S)$ を行うコストである．

$$C_1 = (100 + 1000) \div 5000 = 1100 \div 5000 = 0.22$$

$$C_2 = N_1 \times C_{\text{index}}(XS.B)$$

ここに $R_1 = R[R.B = 10]$ として，N_1 を R_1 の総タップル数とすると，計算により，$N_1 = 2$．

$$N_1 \times C_{\text{index}}(XS.B) = 2 \times (2100 \div 5000) = 0.84$$

したがって，$C = 0.22 + 0.84 = 1.06$

第 11 章

問題 1 データベースの状態と実世界の状態が一致しているとき，データベースの一貫性があるという．トランザクションとはデータベースをある一貫した状態から次の一貫した状態に遷移させるアプリケーションプログラムレベルでの仕事の単位である．（110 字）

問題 2 11.3 節に記載されていることが的確に述べられていればよい．

問題 3 （ア）

```
EXEC SQL BEGIN TRANSACTION;
```

（イ）

```
EXEC SQL UPDATE 口座
SET 残高 = 残高 - 金額
WHERE 口座番号 = 依頼人;
```

（ウ）

```
EXEC SQL ROLLBACK;
```

第 12 章

問題 1　(1)　全局的 UNDO：トランザクション障害が発生した場合，異常終了したトランザクションを UNDO する，つまりそのトランザクションがデータベースに対して行った全ての作用を取り消す．

(2)　全局的 UNDO：システム障害が発生した時点で未完，つまりまだ COMMIT も ROLLBACK もしていない全てのトランザクションをシステム再スタート時に UNDO する．

(3)　局所的 REDO：システム障害発生時点で COMMIT してはいたが，そのトランザクションが要求していたデータベース更新の一部あるいは全体が，一時的状態にある場合には，そのようなトランザクションをシステム再スタート時点で REDO する．つまりそのトランザクションがデータベースに対して行った全ての作用をデータベースに反映させる．

(4)　全局的 REDO：メディア障害により，データベースが物理的に修復不可となった場合に，アーカイブと障害発生以前に COMMIT していた全てのトランザクションを REDO して，一貫したデータベースを得る．

問題 2　(問 1)　write ahead log

(問 2)　WAL とはトランザクションがデータベースのデータ項目に読み書きするにあたり，まずログにそのことを書き込んでくれという，ログ法で障害時回復を実現するためのプロトコル（＝約束事）をいう．

(問 3)　トランザクションのコミット時点とはトランザクションが実行終了までに行ったデータベースに対する全ての読みと書きが確実にデータベースに反映された時点をいう．しかしながら，主記憶–2 次記憶階層で稼動する現代のコンピュータアーキテクチャでは主記憶の作業領域で更新されたデータ項目がいつ 2 次記憶に反映されるかは OS 任せでありトランザクションの COMMIT 文が実行されたとしても即時にその結果がデータベースに反映される訳ではない．しかしながら，WAL プロトコルに従いトランザクションを実行すれば，そのトランザクションがデータベースに対して行った読み書きは全てログに記録されており，ログは安定記憶に格納されているから，COMMIT がログに記録された瞬間をもってトランザクションはコミットしたとしてよい．この時刻がコミット時点である．

(問 4)　トランザクションのコミット時点まで，そのトランザクションのデータベース更新はログには書き込まれるものの，データベースに書き込まれることは一切ないとする障害時回復法．その結果，データベースに対する中途半端な書込みはなくなるので UNDO 処理は不要になる．NO-UNDO/REDO 障害時回復法という．

問題 3　12.4 節と本章末コラム「シャドウページ法」を精読して，各自解答せよ．

問題 4　(問 1)　T_1

(問 2)　T_3, T_4

(問 3)　T_2, T_5

第 13 章

問題 1 (問 1) 遺失更新異状，または lost update anomaly.

(問 2) 13.2 節図 13.3 に示した例，あるいはそれに類した例を述べればよい．

(問 3) T_1 と T_2 を 2PL のもとで実行させる．次の解答では減点：T_1 と T_2 を直列実行すればよい．

問題 2 汚読を生じるスケジュールの一例．

時刻	T_1	T_2
t_1	read(x)	—
t_2	write($x = x + 10$)	—
t_3	—	read(x)
t_4	—	write($x = x - 10$)
t_5	—	COMMIT
t_6	ROLLBACK	—

　例えば，データ項目 x が学生 A 君の銀行口座の残高で，親が read(x) し，続いて write($x = x + 10$) を実行した（10 万円預け入れた）．それを read(x) で知った A 君は早速その 10 万円を引き出すべく write($x = x - 10$) を発行し，COMMIT した（T_2）．その後，親は事情があって，この預入れを取り止めることとし ROLLBACK した（T_1）．窮地に立ったのは銀行である．

問題 3

時刻	T_1	T_2
t_1	read(x)	—
t_2	—	read(x)
t_3	—	write($x = x - 1$)
t_4	—	COMMIT
t_5	read(x)	—

第 14 章

問題 1 (問 1) 3 つの場合とは次の通りである．

  (i) ステップ T_i：read(x) がステップ T_j：write(x) に先行する．

  (ii) ステップ T_i：write(x) がステップ T_j：write(x) に先行する．

  (iii) ステップ T_i：write(x) がステップ T_j：read(x) に先行する．

(問 2) CG(S) が非巡回であること．もし非巡回ならトポロジカルソート可能である．入り線のないノードが必ず存在するので，それを先頭として CG(S) をトポロジカルソートすると，S に相反等価な直列スケジュールが得られる．

(問3) CG(S)

(問4) S に相反等価な直列スケジュールは CG(S) をトポロジカルソートして得られる.その結果は,時間の経過順に $T_2 \to T_5 \to T_4 \to T_1 \to T_3$ である.

問題2 **(問1)** CG(S)

(問2) CG(S) は非巡回,つまりサイクルがないので,相反直列化可能である.

(問3) S に相反等価な直列スケジュールは CG(S) をトポロジカルソートして得られる.その結果は,時間の経過順に $T_2 \to T_5 \to T_4 \to T_3 \to T_1$ である.

問題3 **(問1)** 3つあり,それらを S_{11},S_{12},S_{13} とすると次のようである.

S_{11}

時刻	T_1	T_2
t_1	read(x)	—
t_2	—	read(y)
t_3	write(x)	—
t_4	—	read(x)
t_5	—	write(y)

S_{12}

時刻	T_1	T_2
t_1'	read(x)	—
t_2'	—	read(y)
t_3'	—	read(x)
t_4'	write(x)	—
t_5'	—	write(y)

S_{13}

時刻	T_1	T_2
t_1''	read(x)	—
t_2''	—	read(y)
t_3''	—	read(x)
t_4''	—	write(y)
t_5''	write(x)	—

(問2) 第 14 章図 14.2（あるいは図 14.5）で描かれた行列と説明がなされていればよい．
(問3) S_{11} がそうである．S_{12}, S_{13} はロックの両立性行列により，必要なロックをかけれず，実現できない．
(問4)

S_{11}

時刻	T_1	T_2
t_1	lock(x)	—
t_2	read(x)	—
t_3	—	lock(y)
t_4	—	read(y)
t_5	write(x)	—
t_6	unlock(x)	—
t_7	—	lock(x)
t_8	—	read(x)
t_9	—	write(y)
t_{10}	—	unlock(x)
t_{11}	—	unlock(y)

(問5) $T_1 \longrightarrow T_2$
(問6)

時刻	T_1	T_2
t_1	read(x)	—
t_2	write(x)	—
t_3	—	read(y)
t_4	—	read(x)
t_5	—	write(y)

問題4 **(問1)** ④ ② ① ③
(問2) ② (a) ①, ④ (b) ②, ① (c) ③
(問3) ②

第 15 章

問題1 第 15.1 節のビッグデータの定義で述べられていることを要約すればよい．
問題2 **(問1)** 共有データシステム においては，整合性，可用性，分断耐性という 3 つの性質のうち，高々 2 つしか両立させることができないという経験則．後に証明されている．ちなみに，CAP は Consistency, Availability, tolerance to network Partitions を指している．
(問2) CAP 定理により，共有データシステムの利用者は，(a) 整合性と分断耐性をとるのか，(b) 可用性と分断耐性をとるのか，その選択を迫られることになる．(a) をとった場合のトランザクション処理の原則が ACID 特性である．しかし，(b) をとった場合は整合性が犠牲となるので ACID 特性は機能せず，それに代わる原則が BASE 特性である．

BASE は次の略である.

- **B**asically **A**vailable　　（基本的に可用）
- **S**oft-state　　（ソフト状態）
- **E**ventual consistency　　（結果整合性）

ここに，基本的に可用とは，共有データシステムは CAP 定理の意味で可用性があるということである．ソフト状態はシステムの状態は結果整合性により入力がなくても時間の経過と共に変遷していくかもしれないということである．結果整合性は，現時点では整合性のないデータでも，その間何も更新要求がなければ何時かは整合するであろうということである．

問題 3　$W + R > N$ なら最新の更新結果を必ず読めるが，そうでない場合，つまり $W + R \leqq N$ なら読んだ結果は最新のものではない可能性があるが，取りあえず読めたということで高可用性は実現できるので，この場合結果整合性で対処する．つまり，データも何れは全て最新のものに更新されるであろうから，データの整合性に関してはそれでよいとする対処法.

問題 4　（問 1）　$A_3 > A_2 > A_4 > A_1$

（問 2）　$A_2 = A_3 > A_1 = A_4$

（問 3）　A_3．なぜならば，A_3 が確信度，支持度共に順位がトップだから.

参考文献

●リレーショナルデータモデル

- E. F. Codd. A Relational Model of Data for Large Shared Data Banks. *Communications of the ACM*, Vol.13, No.6, pp.377-387, 1970.

  コッドがリレーショナルデータモデルを世に問うた歴史的論文である. *Communications of the ACM* は ACM（Association for Computing Machinery，米国計算機学会）の毎月発行の機関誌である. *CACM* と略すことも多い. この論文は今でも読み返すとコッドが一体何を考えて，データのリレーショナルモデルを提案する気になったのかが伝わってくる. *CACM* は日本でも入手し易いので，是非一読を薦める.

- E. F. Codd. Further Normalization of the Data Base Relational Model. *Data Base Systems, Courant Computer Science Symposia* 6, R.Rustin 編, Prentice-Hall, Englewood Cliffs, N.J., pp.33-64, 1972.

  リレーションの正規化の意義，関数従属性，第 2 正規形，第 3 正規形を導入したコッドの自著論文.

- E. F. Codd. Relational Completeness of Data Base Sublanguages. *Data Base Systems, Courant Computer Science Symposia* 6, R.Rustin 編, Prentice-Hall, Englewood Cliffs, N.J., pp.65-98, 1972.

  コッドは本論文で，親言語としてのプログラミング言語の中に埋め込まれるサブ言語としてのデータベース言語のデータ検索能力をきちんと規定する目的で，リレーショナル代数とリレーショナル論理の 2 つの体系をフォーマルに定義している. リレーショナル論理の任意の表現がリレーショナル代数表現に変換可能で，したがって，リレーショナル代数はリレーショナル完備であることを示している.

- E. F. Codd. Relational Databases: A Practical Foundation for Productivity. *Communications of the ACM*, Vol.25, No.2, pp.109-117, 1982.

  ACM はリレーショナルデータモデルの提案者コッドに対し，その功績をたたえ 1981 年度 ACM チューリング賞を授与した. この論文は，そのときの彼の記念論文で，リレーショナルデータモデルとその意義を信じて疑うことのないコッドの意気が感じられる.

●実体–関連モデル

- P. Chen. The Entity-Relationship Model: Toward a Unified View of Data. *ACM Transancions on Database Systems*, Vol.1, No.1, pp.9-36, 1976.

  実体–関連モデル，いわゆる ER モデルの提案がこの論文で行われている.

●関数従属性

- W. W. Armstrong. Dependency Structures of Data Base Relationships. *Proceedings of the 1974 IFIP Congress*, pp.580-584, North Holland, 1974.

  関数従属性の公理系を示した論文である.

● SQL

- 日本工業規格データベース言語 SQL JIS X3005-1995. 504p., 1995.

国際規格 ISO/IEC 9075-1992（Database Language SQL）を翻訳し，日本工業規格とした規格書．（財）日本規格協会が発行している．SQL-92 と言われる規格がこれである．

- J. Melton and A. Simon. SQL:1999 Understanding Relational Language Components. Morgan Kaufmann, 893p., 2002.
- 山平耕作，小寺孝，土田正士．SQL スーパーテキスト．806p.，技術評論社，2004.

● DBMS アーキテクチャ

- D. Tsichritzis and A. C. Klug. The ANSI/X3/SPARC DBMS Framework Report of the Study Group on Database Management Systems. *Information Systems*, Vol.3, pp.173-191, 1978.
  有名な ANSI/X3/SPARC の DBMS の 3 層スキーマ構造を報告した論文である．

●ビュー

- Y. Masunaga. Relational Database View Update Translation Mechanism. *Proceedings of the International Conference on Very Large Data Bases*, pp.309-320, 1984.
  ビューの更新時異状を意味論的に解明した本書著者の論文である．ほぼ同内容の日本語論文は，"関係データベースビュー更新問題の意味論的解決法" と題して，情報処理学会論文誌，第 25 巻，第 1 号，pp.66-73, 1984 に掲載されている．
- 増永良文，長田悠吾，石井達夫．更新意図の外形的推測に基づいたビューの更新可能性とその PostgreSQL 上での実現可能性検証．日本データベース学会和文論文誌，Vol. 18-J，Article No. 1，2020 年 3 月．
  更新意図の外形的推測という新しい概念に基づきビューの更新可能性を論じた本書著者らの論文．
- 増永良文，長田悠吾，石井達夫．整合ラベリング問題としてのクロス結合ビューの更新可能性．日本データベース学会和文論文誌，Vol. 19-J，Article No. 1，2021 年 3 月．
  バッグ意味論のもとでのビューの更新可能性を詳細に論じた本書著者らの論文．

●質問処理の最適化

- P. G. Selinger, M. M. Astrahan, D. D. Chamberlin, R. Lorie and T. Price. Access Path Selection in a Relaional Database Management System. *Proceedings of the ACM SIGMOD International Symposium on Management of Data*, pp.23-34, 1979.
  IBM San Jose 研究所で開発したリレーショナルデータベース管理システム System R の質問処理の最適化を論じた文献．

●トランザクション

- K. P. Eswaran, J. Gray, R. Lorie and I. L. Traiger. The Notions of Consistency and Predicate Locks in a Database System. *Communications of the ACM*, Vol.19, No.11, pp.624-633, 1976.
  System R の開発に関連し，トランザクションの概念を初めて提案した論文．同時実行制御の十分条件を与えるトランザクションの直列化可能性を明確に表現した論文としても，また 2 相ロッキングプロトコルを導入した論文としても知られている．

- T. Härder and A. Reuter. Principles of Transaction-Oriented Database Recovery. *ACM Computing Surveys*, Vol.15, No.4, pp.287-318, December 1983.

  トランザクションは障害時回復の単位であるとの観点から，データベースシステムのトランザクション指向の障害時回復の全貌を明らかにした名解説.

- C. Papadimitriou. The Theory of Database Concurrency Control. Computer Science Press, 239p., 1986.

  トランザクションの同時実行制御に関する名著．MVCC（多版同時実行制御）についてもしっかり書かれている.

- 喜連川優 (監訳). トランザクション処理 概念と技法 (上)，(下). 日経 BP，1138p.，2001.

  （原著：J. Gray and A. Reuter. Transaction Processing: Concepts and Technologies. Morgan Kaufmann Publishers, 1992.）

  労作である．翻訳に 5 年を要したという.

●オブジェクト指向データベース

- 増永良文，鈴木幸市 (監訳). オブジェクト指向データベース入門. 共立出版，308p.，1996. （原著：W. Kim. Introduction to Object-Oriented Databases. MIT Press, 1990.）

  労作である．監訳に 2 年を要した.

● MVCC とスナップショット隔離性

- H. Berenson, P. Bernstein, J. Gray, J. Melton, E. O'Neil and P. O'Neil. A Critique of ANSI SQL Isolation Levels. *Proceedings of the ACM SIGMOD International Symposium on Management of Data*, pp.1–10, 1995.

  トランザクションの隔離性水準を論じた古典的論文であるが，議論は SI（スナップショット隔離性）と SQL の隔離性水準の関係性にまで及んでいる.

- A. Eekete, D. Liarokapis, E. O'Neil, P. O'Neil and D. Shasha. Making Snapshot Isolation Serializable. *ACM Transactions on Database Systems*, Vol.30, No.2, pp.492–528, 2005.

  SI で生じる異状を解消するために SSI（serializable SI）を提案した論文.

- M. J. Cahill, U. Roehm and A. Fekete. Serializable Isolation for Snapshot Databases. *Proceedings of the ACM SIGMOD International Symposium on Management of Data*, pp. 729–738, 2008.

  SSI を実装しその性能が多くの場合で 2PL を凌駕し SI にも迫るとした論文.

- D. R. K. Ports and K. Grittner. Serializable Snapshot Isolation in PostgreSQL. *Proceedings of the International Conference on Very Large Data Bases*, pp.1850–1861, 2012.

  SSI を PostgreSQL で実装したことを報告した論文.

●ビッグデータと NoSQL

- V. Mayer-Schonberger and K. Cukier (著), 斎藤栄一郎 (訳). ビッグデータの正体 情報の産業革命が世界のすべてを変える (Big Data: A Revolution That Will Transform How We Live, Work, and Think). 講談社，322p.，2013.

- E. A. Brewer. Towards Robust Distributed Systems (abstract), (Invited Talk). *Proceedings of the ACM Symposium on Principles of Distributed Computing*, p.7, 2000.

  CAP 定理，BASE 特性を提唱した論文.

- W. Vogels. Eventually Consistent. *Communications of the ACM*, Vol.52, No.1, pp.40–44, 2009.

  結果整合性を提唱した論文.

- R. Agrawal and R. Srikant. Fast Algorithms for Mining Association Rules in Large Databases. *Proceedings of the International Conference on Very Large Data Bases*, pp.487–499, 1994.

  相関ルールマイニングのための Apriori アルゴリズムを提案した歴史的論文.

●**データベースの教科書**

- A. Silberschatz, H. F. Korth and S. Sudanshan. Database System Concepts (7th Edition). McGraw-Hill, 1378p., 2019.

  とても分かり易く書かれている．英語を厭わなければ，本書を良書として薦める.

- R. Elmasri and S. Navathe. Fundamentals of Database Systems (7th Edition). Addison-Wesley, 1280p., 2015.

  典型的な米国の教科書スタイルで書かれている．よく書けている.

- H. Garcia-Molina, J. D. Ullman, and J. Widom. Database Systems: The Complete Book (Second Edition). Prentice Hall, 1248p., 2008.

  スタンフォード大学コンピュータサイエンス学科の教授陣が著した教科書.

- P. M. Lewis, A. Bernstein, and M. Kifer. Databases and Transaction Management—An Application-Oriented Approach. Addison Wesley, 1014p., 2002.

  ニューヨーク州立大学ストーニーブルック校（SUNY）の教授陣が著した教科書.

- J. D. Ullman. Principles of Database Systems. Computer Science Press, 379p., 1982.

  リレーショナルデータベースの種々の性質を理論的に詳述した名著.

- 増永良文. リレーショナルデータベースの基礎—データモデル編—. オーム社, 212p., 1990.

  リレーショナルデータベースのモデルを中心に論じた教科書.

- 増永良文. リレーショナルデータベース入門 [第 3 版]—データモデル・SQL・管理システム・NoSQL—. サイエンス社, 415p., 2017.

  リレーショナルデータベースについて，そのデータモデル，SQL，データベース管理システム，分散型データベースシステム，クライアント／サーバ型データベースシステム，NoSQL などデータベース技術を徹底的に論じた教科書．本書の上級編である.

- 増永良文. コンピュータに問い合せる—データベースリテラシ入門—. サイエンス社, 146p., 2018.

  文部科学省が 2020 年度から全面実施した小学校でのプログラミング教育に合わせて，小学校の教職員や保護者にデータベースのことを知ってもらおうと本書著者が執筆した啓蒙書.

- 北川博之 (編著). データベースシステム (改訂 2 版). オーム社, 318p., 2020.

  データベース全般にわたる教科書.

索　引

著者略歴

増 永 良 文
ます なが よし ふみ

1970 年　東北大学大学院工学研究科博士課程
　　　　電気及通信工学専攻修了，工学博士
　　　　情報処理学会データベースシステム研究会主査，
　　　　情報処理学会監事, ACM SIGMOD 日本支部長，
　　　　日本データベース学会設立準備会世話人代表，
　　　　同学会会長，図書館情報大学教授，お茶の水女
　　　　子大学教授，青山学院大学教授を歴任
　　　　情報処理学会フェロー
　　　　電子情報通信学会フェロー
　　　　日本データベース学会名誉会長（創設者）
　　　　お茶の水女子大学名誉教授

主 要 著 書
リレーショナルデータベースの基礎—データモデル編—(オーム社, 1990)，オブジェクト指向データベース入門(共同監訳，共立出版, 1996)，ソーシャルコンピューティング入門(サイエンス社, 2013)，リレーショナルデータベース入門 [第 3 版] (サイエンス社, 2017)，コンピュータに問い合せる(サイエンス社, 2018)，コンピュータサイエンス入門 [第 2 版] (サイエンス社, 2023)

Computer Science Library-14
データベース入門［第 2 版］

2006 年10月10日	©	初 版 発 行
2020 年 9 月25日		初版第19刷発行
2021 年 2 月10日	©	第 2 版 発 行
2024 年 9 月10日		第 2 版 6 刷発行

著　者　増永良文　　　　発行者　森平敏孝
　　　　　　　　　　　　印刷者　中澤　眞
　　　　　　　　　　　　製本者　小西惠介

発行所　　**株式会社　サイエンス社**

〒151-0051　東京都渋谷区千駄ヶ谷 1 丁目 3 番 25 号
営業 ☎ (03) 5474-8500 (代)　振替　00170-7-2387
編集 ☎ (03) 5474-8600 (代)　FAX ☎ (03) 5474-8900

組版　プレイン　　印刷　(株)シナノ　　製本　ブックアート
《検印省略》

ISBN978-4-7819-1500-5
PRINTED IN JAPAN

サイエンス社のホームページのご案内
https://www.saiensu.co.jp
ご意見・ご要望は
rikei@saiensu.co.jp　まで